U0345288

逐梦苍穹

——写给青少年的中国空间站故事

余建斌等　著

中国教育出版传媒集团

人民教育出版社

·北京·

策划编辑：李　红　田文芳

责任编辑：别治幸

责任设计：陆　畅

插图绘制：北京汉图文化传媒有限公司

图书在版编目（CIP）数据

逐梦苍穹：写给青少年的中国空间站故事 / 余建斌
等著. -- 北京：人民教育出版社，2024. 7. -- ISBN 978-7
-107-38390-8

Ⅰ. V476.1-49

中国国家版本馆 CIP 数据核字第 2024YR6528 号

逐梦苍穹——写给青少年的中国空间站故事

ZHUMENG CANGQIONG —— XIE GEI QINGSHAONIAN DE ZHONGGUO KONGJIANZHAN GUSHI

余建斌　王　森　著

出版发行　人民教育出版社
　　　　　（北京市海淀区中关村南大街17号院1号楼　邮编：100081）

网　　址	http://www.pep.com.cn	
经　　销	全国新华书店	
印　　刷	北京尚唐印刷包装有限公司	
版　　次	2024年7月第1版	
印　　次	2024年7月第1次印刷	
开　　本	787毫米×1 092毫米　1/16	
印　　张	14.5	
字　　数	178千字	
定　　价	48.00元	

序

亲爱的同学们：

打开这本《逐梦苍穹——写给青少年的中国空间站故事》，你们将"亲临"太空，开启一次奇妙的中国空间站之旅。

在这次极不寻常的旅行中，你们将揭开中国空间站的神秘面纱，进入空间站的每一个"房间"，近距离体验每一项闪耀着中国智慧的航天科技，为中国载人航天这一日千里的伟大事业感到骄傲和自豪；你们会领略中国航天员的风采，看到他们忙碌的身影，听到他们的铮铮誓言和殷殷寄语，为他们的执着追求和无私奉献精神而由衷感动；你们会渐次解开一个个有趣的"天上宫阙"之谜，如中国空间站是怎样通过"搭积木"的方式一步一步建造的，高悬太空之上的空间站为什么掉不下来，航天员在空间站上有哪些有趣的工作和生活体验，天宫课堂有哪些有趣的小实验……相信你们一定不虚此行，对中国空间站能够有更加深入的了解与认识。

中国人的飞天梦想延续了几千年，但从东方红一号巡视天河到中国空间站逐梦苍穹，从神舟一号圆梦太空到神舟十八号"飞龙在天"，短短几十年的时间，我国航天事业从无到有，从有到优，从优到强，实现了跨越式的飞跃，这一发展历程波澜壮阔，值得大书特书。为此，广大科普工作者胼手胝足，推出了很多科普读物。由人民日报高级记者余建斌等撰写的这本《逐梦苍穹——写给青少年的中国空间站故事》，展现了中国空间站奇伟瑰丽的全景画卷，内容更加全面立体，语言更加生动有趣，特别是本书空间站知识与航天员故事双主线的写法，突出了"特别能吃苦、特别能战斗、特别能攻关、特别能奉献"的载人航天精神，对激发大家探索航天知识的兴趣，提高科学素养，树立科技报国的远大抱负具有重要作用。我愿为之作序并向同学们极力推荐。

为什么要建设中国空间站？相信在这次奇妙的太空之旅后，同学们对这一问题会有全新的认识。习近平总书记指出："建造空间站，是中国航天事业的重要里程碑，将为人类和平利用太空作出开拓性贡献。"正如书中所言，"中国空间站的建设，标志着中国人走出地球这一蔚蓝的摇篮，迈向浩瀚的太空，开创了一个'空间文明'的新时代"，显示了与时俱进的中国速度和中国高度，也实现了"中国对人类应该有更大的贡献"这一豪言壮语。

科技兴国，科技强国，这是需要几代人共同完成的使命。2013年6月，航天员王亚平在太空进行了我国首次太空授课。当时坐在屏幕前聆听"太空教师"讲课的中小学生，如今有不少正在大学航天或空间科学相关专业进行学习、深造，有些已经成为我国未来航天事业的逐梦者、造梦者，这正是科普活动的影响与魅力所在。同学们，希望通过阅读这本书，可以在你们的内心深处埋下航天报国、科技强国的种子，激发你们探索航天奥秘的热情，假以时日，在中国航天事业的队伍中和其他科技战线上，一定能够看到你们的英姿，看到你们取得更辉煌的成就。

说到这里，相信你们已经迫不及待地要踏上了解中国空间站的奇妙之旅。祝你们旅途愉快！

中国载人航天工程空间站系统总设计师、中国工程院院士

杨　宏

自 序

一起来读懂中国太空梦想

这是一本写给青少年朋友的书，它的主题是关于太空探索，以及这一人类壮举背后的梦想力量。

很多人都会有这样一种感受：每一次仰望星空，心底总不由自主升起好奇心。的确，从人类"懂事"以来，神秘而未知的宇宙让人向往和着迷。千百年来，探索浩瀚宇宙也因此成了人类始终不渝的共同梦想。

这种梦想是强大的原动力。无论是飞出地球摇篮，或是登上月球、火星，乃至飞出太阳系，对未知的好奇，对奥秘的渴求，对突破自我的渴望，不断推动着太空探索能力的提升，持续驱动着人类在太空探索的征程中一步一个脚印地前行。进入20世纪下半叶以来，从第一颗人造卫星发射升空，到首位宇航员飞向太空，再到登陆月球、探测火星、建设载人空间站，看似渺小的人类开启了波澜壮阔的太空时代，在深邃的宇宙中留下自己的一连串足迹。中国的太空时代始于1970年4月24日，第一颗人造卫星"东方红一号"的发射，也把中国人的梦想送入了太空。

这种梦想的力量是无穷的。梦想仿佛一个巨人，调动着"智慧"的头脑，挥舞着"勇气"的双手，踩着"实干"的双脚，让中国的太空探索事业能够大踏步地前行。天宫、北斗、嫦娥、天和、天问、羲和……一个个富有诗意的中国名字见证

绘图：辛凤来

了中国航天不断取得非凡成就、创造新的历史。400千米高处名为"天宫"的中国空间站无疑是一个有力的缩影和非凡例证——中国人自己的"太空之家"经历了从神舟飞船到天宫实验室再到中国空间站的跨越，它折射着中国载人航天工程30余年跨越发展。如今，正以每90分钟绕地球一圈运行的中国"天宫"，成为人们口中"最亮的中国星"。

　　逐梦太空、圆梦苍穹，既是一程接一程的奋斗，也是一代又一代的接力。事实上，关于梦想薪火相继的工作一直是太空探索的重要内容，包括科学家、工程师和航天员在内的众多航天人一起在为开启青少年朋友热爱科学、探索宇宙的梦想共同努力。"特别能吃苦、特别能战斗、特别能攻关、特别能奉献"的载人航天精神，和攻坚克难、科技报国的科学家精神激励着我们每一个人，特别是每一位青少年朋友。如今，中国空间站里的"天宫课堂"已开讲多次，充满奇思妙想的太空授课，让亿万中国乃至全世界的学生感受到太空的神奇和美妙，收获了知识和快乐，也在亿万青少年的心里撒下科学和梦想的种子。太空寄托着人类美好的向往，知识是走向太空的阶梯，"飞天梦永不失重，科学梦张力无限"，这句话既道出了"天宫课堂"的意义，也正是太空探索的绝佳形容。对中国来说，航天梦永远呼唤好奇心，航天事业永远需要年轻人的青春亮色。孩子们在"天宫课堂"中展现的好奇心，他们眼睛中流露的对太空的向往，在未来很有可能转化为科学探索的雄心。

传递梦想，首先就要读懂太空梦想。正如这本书的书名关键词——逐梦苍穹所提示的，本书在讲述中国追梦太空故事的同时，也是和读者特别是青少年朋友一起读懂中国太空梦想的尝试和努力。感谢我的合作者，用专业素养和细腻文字，刻画了中国空间站闪亮的太空之旅。也感谢几位小朋友为本书注入他们的热情和智慧。辛凤来小朋友在本书即将出版之际，创作了一幅让人印象深刻的画，展现了她对太空的想象力和绘画功底。余昆仑小朋友是我出版本书的有力支持者，在我从事航天新闻报道的职业生涯中，也和我一起多次在现场见证了火箭腾飞的场景。他们既是本书的读者，也是创作的参与者。

可以看到，科技的不断进步和大众的科学热情总在相互促进。当前，我国越来越多的科技创新直面世界科技前沿，具有长远影响的重大科技项目、科技成果也不断增多。以更直观、更生动的方式让公众和前沿科技"相遇"，会进一步激发包括青少年在内的人们对科学的兴趣，提升自身的科学素养，使蕴藏其间的创新智慧充分释放，使创新发展的科技普及之翼与科技创新之翼并展共振。两翼齐飞，我们的创新事业在不断向前发展，航天探索事业也将不断向着更远更深的星空迈进。

目　录

第一章　从飞天梦想到圆梦苍穹　　　　　　　　1

01　人类的飞天梦想　　　　　　　　　　　　　3

02　从航空到航天　　　　　　　　　　　　　　9

03　中国载人航天事业　　　　　　　　　　　　14

载人航天精神　　　　　　　　　　　　　　　　20

人物故事：首位进入太空的中国航天英雄　　　　24

第二章　中国迈入了"空间站时代"　　　　　　29

01　"天上宫阙"长什么样?　　　　　　　　　　31

02　空间站的"驾驶舱"　　　　　　　　　　　　35

人物故事：首批进入中国空间站的中国航天员之一　40

03　空间站的首个实验舱　　　　　　　　　　　44

04　"问天"的"兄弟"　　　　　　　　　　　　48

背景知识——天宫家族　　　　　　　　　　　　52

05　空间站的"好搭档"　　　　　　　　　　　　55

06　在太空中"搭积木"　　　　　　　　　　　　60

背景知识——空间站为什么掉不下来?　　　　　　68

07　空间站上的"乘客"　　　　　　　　　　　　70

08　为什么要建设空间站?　　　　　　　　　　　74

背景知识——载人航天事业有什么用?　　　　　　76

人物故事：首位进入太空的中国女航天员　　　　78

第三章　太空"筑巢"　　　　　　　　　　83

01　天地往返更便捷　　　　　　　　　　85

02　曼妙的"太空之舞"　　　　　　　　　91

03　太空"快递小哥"来送货　　　　　　94

04　太空"续航"方法多　　　　　　　　97

05　"太空漫步"不简单　　　　　　　　100

人物故事：首位太空漫步的中国航天英雄　　104

06　太空中的"空调"　　　　　　　　　108

07　飞行控制更平稳　　　　　　　　　　110

人物故事：四上太空，追逐梦想无止境　　112

第四章　忙碌又精彩的空间站生活　　117

01　舒适的居住环境　　　　　　　　　　119

02　井井有条的太空生活　　　　　　　　122

03　美味营养的航天食品　　　　　　　　125

04　太空饮水不简单　　　　　　　　　　128

人物故事：两上太空终圆出舱梦　　　　130

05　舒舒服服睡个觉　　　　　　　　　　134

06　个人卫生有讲究　　　　　　　　　　137

07　"天宫"花式健身　　　　　　　　　139

08　航天员的健康保障　　　　　　　　　142

太空侧记——欢欢喜喜过新年　　　　　145

人物故事：十七年后再逐梦　　　　　　148

第五章 神奇的太空实验室 153

01 太空中的实验室 155

02 可以自动归位的悬浮实验台 157

03 没有容器的科学实验 160

04 在空间站里种植物 162

05 被"拿捏"的重力 165

06 "冰火两重天"和"太空炼丹炉" 167

07 神奇的"太空维修工" 171

08 舱外暴露实验平台 174

09 让空间站的科技成果造福全人类 176

人物故事：中国空间站首位载荷专家 178

第六章 "航天种子"长出科学梦想 183

01 有趣的天宫课堂 185

人物故事："最美太空教师" 188

02 消失的浮力 192

03 奇妙的表面张力 195

04 水球光学实验 200

05 变"懒"的水球 202

06 太空转身实验 204

07 太空"冰雪"实验 206

08 球形火焰实验 208

09 太空力学小实验 210

人物故事：二十五年弹指间，飞上太空终圆梦 212

第一章
从飞天梦想到圆梦苍穹

1

　　面对浩瀚无垠的宇宙，人类的飞天梦想从来没有停止过，从神话传说到航天实践，汇聚成一幅波澜壮阔的画卷。人类的飞天梦想是如何实现的？从梦想到现实，人类经历了怎样的历史跨越？我国航天事业是如何起步的？取得了怎样的成果？本章中，我们将翻开历史的画卷，了解人类为实现飞天梦想所作出的不懈努力，回顾人类航天事业发展中的多个里程碑式时刻，领略中国载人航天事业从无到有并取得丰硕成果的伟大发展历程。勤劳勇敢的中国人民凭借瑰玮壮丽的想象、坚忍执着的意志、永不气馁的精神和锲而不舍的努力，大力发扬"两弹一星"精神和载人航天精神，最终圆梦苍穹。

01

人类的飞天梦想

古时候，人类就有飞行的梦想，创造了无数有关飞行的神话和传说。

早在先秦时期，我们的祖先就开始向往像鸟一样飞翔。根据出土的文物来看，羽人的造型在商代就已经出现。羽人虽然是人，但有着明显的鸟类特征——身带羽翼，亦称"飞仙"。《山海经》中甚至还有羽民国的记载。

羽人的飞翔依靠的是翅膀，而在我国古代神话传说中嫦娥奔月的故事，又描绘了一种不借外力的飞行状态。相传嫦娥是羿的妻子，由于吃了羿从西王母之处得到的长生妙药，一个人飞到了月球。在神话故事中，嫦娥飞行的姿态非常优美，广袖舒展、衣带飘飘，可见祖先的想象是极富诗情画意的。

"飞天"是古人的另一种奇妙想象。敦煌飞天是印度文化、西域文化、中原文化完美交融的产物。飞天婀娜多姿，轻盈灵动，飞行姿态舒展飘逸，带给人们无穷无尽的想象。

"羽民国在其东南，其为人长头，身生羽。一曰在比翼鸟东南，其为人长颊。"——《山海经·海外南经》

敦煌飞天

在想象之外，我国古人也在用自己的方式观察宇宙，探索如何借助工具飞行。

夏商时期，人们开始记录日食、月食等现象。秦汉以来，历朝历代更是设立专门的机构对日月星辰的运动进行观测，以此制定历法、占卜吉凶。东汉张衡在前人基础上改进用于观测天象的浑仪。张衡的浑仪采用了机械传动的方式，推动仪器模拟天体的运行情况，代表着当时世界天文观测技术的最高水平。到了元代，郭守敬发明及改进多种天文观测仪器，编制出新的历法——《授时历》，这是当时世界上最科学、最精确的历法，也是我国历史上使用时间最长的历法。

相传在春秋战国时期，中国木匠的祖师鲁班曾造过一个木制的鸟形飞行器，能飞行三日而不落地。

后世为了纪念张衡和郭守敬，分别用他们的名字命名了月球上的两座环形山和两颗小行星。

北京古观象台上的天文仪器

"取大鸟翮为两翼，头与身皆著毛，通引环纽，飞数百步，坠。"——《汉书·王莽传》

据《汉书·王莽传》记载，王莽为伐匈奴，广招天下勇士。有一男子使用鸟羽制成的人工翅膀，飞行了数百步才落地。从文献记载情况来看，此男子可能只是让自己在空中滑翔，但是在当时的生产力水平下，已经称得上创举。

火箭的发明让人类离飞天梦想更近一步。火箭是在火药发明以后为适应军事和娱乐需要而出现的。火箭约在12世纪出现于中国。在13世纪，中国、印度和阿拉伯国家都使用过火箭，以后火箭又传入欧洲。相传明朝时期，有位名叫万户的人做了大胆的飞行尝试——利用火箭飞到天上去，他被认为是人类飞行探索的先驱。

知识链接

万户的飞天探索

万户大胆设想，既然火箭能将火种和投掷物发射到远处，如果能把若干火箭绑到一起，借助火箭产生的巨大推力，也能把人送到天上。有了这个在当时看起来有些惊世骇俗的想法后，万户立即行动起来，把自制的几十支小火箭安装在椅子背后，自己坐在椅子上，手持大风筝，设想凭借火箭的推力飞起来后，还可以在火箭熄火后借助风筝安全平稳地落回地面。可是，火箭在点火后很快就爆炸了，万户消失在了火焰和烟雾中。他的飞天梦想也随着火箭爆炸产生的浓烟消散在历史的长河中。

关于万户的故事，还有多个版本，演绎甚多，时至今日，也没有一个权威确切的说法，但这并不妨碍万户在航天历史中的地位。为了纪念这位勇敢无畏的探索者，国际天文学联合会将月球上的一座环形山命名为"万户"。

时间来到1903年，这一年，美国莱特兄弟发明了第一架以内燃机为动力的飞机——飞行者一号并试飞成功，人类的飞行事业取得了里程碑式的进步。

莱特兄弟的试验飞机

冯如是中国著名的飞机设计师、制造家和飞行家。莱特兄弟的飞行者一号试飞成功后不久，冯如刻苦钻研，制造出了更先进的飞机，并获得国际比赛大奖。冯如被誉为"中国始创飞行大家"。

冯如（坐者）与他研制的飞机

02 从航空到航天

自1903年莱特兄弟驾驶飞机飞行成功后，航空技术的发展可谓一日千里，人类在天空中自由飞行的梦想已经实现。但人类依然渴望摆脱地球引力的束缚，到达更广阔的太空。

航空与航天，一字之差的背后是完全不同的飞行逻辑。美国航天工程学家冯·卡门经过计算提出"卡门线"的概念。这条虚拟的线位于距离地球表面100千米的高度。目前，国际航空联合会将这一高度定义为大气层和太空的界线。以卡门线为界，以外的空间称为"天"，以内的空间称为"空"。

卡门线以外的空间，飞机难以飞行，想要把人造卫星、空间探测器、载人飞船、空间站等人造航天器及航天员送入太空，首先要解决的是运载器问题。

20世纪40年代以来，火箭技术得到了飞速发展和广泛应用。火箭技术的成熟，使人类将航天器送入太空成为可能。1957年10月，苏联依

托新型火箭技术，发射了世界上第一颗人造地球
卫星，宣告人类正式进入航天时代。

世界上第一颗人造地球卫星模型

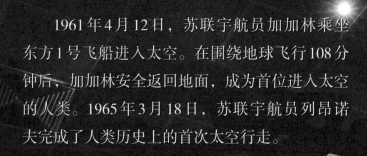

1961年4月12日，苏联宇航员加加林乘坐
东方1号飞船进入太空。在围绕地球飞行108分
钟后，加加林安全返回地面，成为首位进入太空
的人类。1965年3月18日，苏联宇航员列昂诺
夫完成了人类历史上的首次太空行走。

加加林乘坐东方1号
飞船进入太空

在苏联之后，美国也相继完成了人造地球卫星的发射、宇航员进入太空和太空行走。1966年3月16日，美国宇航员乘坐双子星座8号飞船，与无人阿金纳目标飞行器手动交会对接成功，实现了两个航天器之间的首次交会对接。至此，载人航天需要解决的三大技术——天地往返技术、舱外活动技术、交会对接技术，全部被突破。

接下来的焦点是哪个国家能率先把人类送上月球。有着惊人投入的美国阿波罗计划先声夺人。1969年7月16日，土星5号运载火箭载着阿波罗11号飞船点火升空，开始了人类首次登月之旅。1969年7月20日，阿姆斯特朗和奥尔德林乘坐登月舱成功登陆月球，阿姆斯特朗成为第一个登上月球并在月球表面行走的人，人类首次在地球之外的天体上留下自己的足迹。从1969年7月到1972年12月，先后有12名美国宇航员登上月球。

美国宇航员在月球上漫步

　　此时，苏联把关注点投向一种新型的航天技术——空间站技术。

　　1971年4月19日，苏联礼炮1号空间站发射成功，成为人类历史上首个空间站。联盟11号载人飞船成功将3名宇航员送入空间站生活23天，但飞船在返回地球时遭遇故障，致使3名宇航员全部遇难，联盟号载人飞船项目被迫暂停。此后再也无人访问的礼炮1号空间站于1971年10月11日坠入大气层烧毁，在太空停留的时间不到6个月。

　　礼炮1号空间站的坠毁没有阻碍空间站技术的发展。从1971年到1982年，苏联连续发射了礼炮1号至礼炮7号7个空间站。美国也于1973年将天空实验室送入太空。这些空间站共同为人类航天技术的进步和相关科学研究的开展作出了卓越的贡献。

　　1986年，苏联和平号空间站核心舱发射升空。作为第三代空间站，和平号空间站采用多模块、积木式结构，于1996年组装完成。

礼炮1号空间站模拟视图

和平号空间站曾先后迎来十多个国家的宇航员。2001年3月，已经超期服役的和平号空间站在受控状态下坠入大气层烧毁，结束了它长达15年的辉煌历史。

1998年，国际空间站开始建造。国际空间站在第三代空间站多模块、积木式结构基础上采用桁架结构，是第四代空间站。2011年，国际空间站组装工作全部结束。装配完成后的国际空间站总质量超过400吨，是人类有史以来拥有的规模最大的空间站。

进入21世纪以来，人类对于太空资源的探索变得更加频繁。重返月球甚至登陆火星，成为航天领域的焦点。在这股浪潮的推动下，很多国家都加大了对航天工程的投入。承载着人类光荣与梦想的航天工程，将继续带领人类向着太空深处进发。

国际空间站

03

中国载人航天事业

　　20世纪50年代末，苏联和美国的人造地球卫星相继成功发射。1958年5月，毛泽东主席在中共八大二次会议上作出指示：我们也要搞人造卫星。

　　研制人造地球卫星并将其送入太空，并不是一件容易的事情，但老一辈科研工作者在当时国家经济、技术基础薄弱，工作条件十分艰苦的情况下，自力更生，发愤图强，克服种种困难，终于在1970年4月24日将东方红一号人造地球卫星送入预定轨道。中国成为继苏联、美国、法国、日本之后，世界上第五个能独立发射人造地球卫星的国家。

　　东方红一号的成功升空运行，开创了中国航天事业的新纪元。1975年11月26日，中国第一颗返回式卫星发射成功，并于3天后按预定时间返回了中国大地。中国成为继美国、苏联之后世界上第三个掌握卫星回收技术的国家。

　　1970年4月24日，我国第一颗人造地球卫星——东方红一号发射成功，太空中终于有了中国人自己的航天器。2016年3月8日，国务院批复同意将每年的4月24日设立为"中国航天日"。

东方红一号卫星模型

　　我国的载人航天事业，也在第一颗人造地球卫星的研发过程中实现了从无到有的突破。

　　1968年，我国第一艘载人飞船总体方案设想论证会召开。会上，科学家们一致同意将我国第一艘载人飞船命名为曙光一号。我国载人航天的曙光就此显现。

　　1970年7月14日，毛泽东主席圈阅了发展载人飞船的报告。我国第一艘载人飞船研制工程也有了代号——"714工程"。从零起步的"714工程"，在中国科学家的努力下取得了一系列突破性成果，同时选拔出20名预备航天员，但由于经济、技术等多方面原因，"714工程"最终停了下来。虽然未能实现将航天员送进太空的梦想，但"714工程"也为我国后来载人航天工程的发展积累了许多宝贵经验。

　　20世纪80年代，世界各航天大国都在制定自己的航天计划。时不我待，1986年11月18日，中共中央、国务院批转《高技术研究发展计划纲要》，即"863计划"。作为"863计划"中的重点发展项目，我国载人航天研究进入了全新阶段。

　　经过多年的研究论证，1992年9月21日，中共中央政治局常委会正式批准实施我国载人航天工程。会议讨论并确定了我国载人航天工程"三步走"的发展战略。

中国载人航天工程代号为"921工程"，是中国航天史上迄今为止规模最大、系统最复杂、技术难度最高的工程。

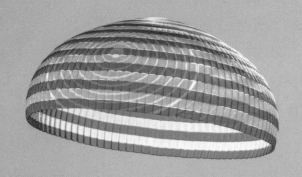

神舟十七号返回舱
返回东风着陆场

第一步，发射载人飞船，建成初步配套的试验性载人飞船工程，开展空间应用实验。

第二步，突破航天员出舱活动技术、空间飞行器交会对接技术，发射空间实验室，解决有一定规模的、短期有人照料的空间应用问题。

第三步，建造空间站，解决有较大规模的、长期有人照料的空间应用问题。

目前，我国载人航天工程"三步走"稳步开展，成绩颇丰。30多年来，我国载人航天工程通过长征系列运载火箭，已经将18艘神舟飞船、7艘天舟飞船，以及天宫一号目标飞行器、天宫二号空间实验室、天和核心舱、问天实验舱、梦天实验舱等航天器成功送入太空。

　　从神舟一号到神舟十八号载人飞船，从天舟一号到天舟七号货运飞船，从天宫一号目标飞行器到天宫空间站"T"字基本构型的全面建成，我国载人航天工程正在开启新的篇章。与此同时，我国探月、探火等深空探测工程也在飞速发展，中国航天事业多点开花，取得了进入21世纪以来人类最令人瞩目的航天成就。

搭载神舟十八号载人飞船的长征二号F遥十八运载火箭在酒泉卫星发射中心点火发射

中国航天之父——钱学森

钱学森（1911—2009），浙江杭州人，中国航天科技事业的先驱和杰出代表，"两弹一星"功勋奖章获得者，被誉为"中国航天之父"。

钱学森早年师从美国著名航天工程学家冯·卡门，从事火箭技术研究，曾与冯·卡门共同创立卡门-钱学森公式。作为一名爱国学者，一听到中华人民共和国成立的消息，钱学森便立即决定放弃在美国的一切，回国工作，为建设祖国贡献自己的全部力量。然而美国方面以各种借口对钱学森进行监视和非法拘禁，阻止他离开美国。面对美国当局的迫害，钱学森没有屈服，他不断提出要求：我要离开美国，回到祖国去。他坚持斗争了五年，最终在中国政府的帮助下，冲破层层阻碍，回到了祖国的怀抱。

1956年，钱学森受命组建中国第一个火箭、导弹研究机构——国防部第五研究院并担任首任院长。他主持完成了"喷气和火箭技术的建立"规划，参与了近程导弹、中近程导弹和中国第一颗人造地球卫星的研制，直接领导了用中近程导弹运载原子弹"两弹结合"试验等，为中国载人航天事业奠定了坚实的基础。钱学森矢志报国的爱国情怀、全心全意的奉献精神、严谨求实的科学品质、开拓进取的创新意识一直激励着一代又一代航天人勇攀高峰，取得一项又一项佳绩。

"中国航天之父"钱学森为我国载人航天事业奠定了坚实基础

载人航天精神

"我们注重传承优良传统，发扬特别能吃苦、特别能战斗、特别能攻关、特别能奉献的载人航天精神，彰显了坚定的中国特色社会主义道路自信、理论自信、制度自信、文化自信，为坚持和发展中国特色社会主义增添了强大精神力量。"

——习近平总书记在会见天宫二号和神舟十一号载人飞行任务航天员及参研参试人员代表时的讲话

航天员在水下训练

　　1992年，党中央高瞻远瞩，作出了实施我国载人航天工程"三步走"战略的重大决策。我国载人航天事业从此起步，在浩瀚太空开始谱写中华民族飞天梦想的崭新篇章。

　　在党中央的坚强领导下，在全国人民的大力支持下，从无人飞行到载人飞行，从一人一天到多人多天，从舱内实验到太空行走，从太空短期停留到中长期驻留，从天和核心舱发射到建成中国空间站……中国载人航天事业一次次在浩瀚太空刷新"中国高度"，同时也在中华民族的历史长河中培育铸就了"特别能吃苦、特别能战斗、特别能攻关、特别能奉献"的载人航天精神。

　　"特别能吃苦"：诠释了航天人热爱祖国、为国争光的坚定信念。浩瀚太空令人神往，但是它对人类的要求极为苛刻。在攀登"天梯"的训练中，中国航天员们一次次向生理和心理极限发起挑战。低压缺氧耐力检查，相当于以15米/秒的速度被提升至海拔5 000多米，航天员冒着氮气在血管中形成气泡甚至气栓的危险，忍受头晕、恶心甚至休克的反应，每次持续30分钟以上。航天员系统总设计师黄伟芬形容："没有异于常人的坚韧，很难熬过来。"在超重耐力训练中，航天员要在高速旋转的离心机里承受40秒的8倍重力加速度，往往面部肌肉变形，呼吸异常困难，但手边请求暂停的红色按钮，20年来从没有人按过。在以航天员为代表的航天人心中，祖国的分量最重、人民的利益最大，他们始终以报效祖国、成就航天事业为最高荣誉，中国的载人航天事业铸就辉煌、创造奇迹，离不开航天人的艰苦奋斗。

"特别能战斗"：诠释了航天人独立自主、敢于超越的进取意识。中国航天科技集团五院在工程论证、立项时，就大胆提出技术大跨越思路，跨过国外从单舱到多舱的40年历程，直接研制国际上第三代飞船，拿出了独具中国特色的"三舱方案"。神舟飞船首任总设计师戚发轫院士自豪地说："中国航天火箭上、飞船上的发动机，全是我们自己的。这是逼出来的自力更生。"中国载人航天工程首任总设计师王永志在担任中国运载火箭技术研究院院长期间，曾在18个月里以长征二号火箭为基础，完成了新型号的大推力捆绑火箭研制任务，使中国火箭技术跨上了一个新的台阶。当时，王永志和其他研究人员仅为捆绑火箭设计出来的图纸就有44万张，设计人员平均每人每天要绘制17张图。中国航天人无惧挑战，敢打硬仗，勇往直前，打赢了一场又一场的攻坚克难之战。

"特别能攻关"：诠释了航天人攻坚克难、勇于登攀的品格作风。20世纪90年代，中国的长征系列运载火箭已经形成了十多种不同类型的火箭，能满足发射不同轨道、不同质量卫星的要求，具备了发射载人飞船的能力和技术物质基础。为支撑载人航天事业，中国航天科技集团一院的科技人员又重点突破了高可靠性、逃逸系统、冗余技术等3道难关。为保证长征二号F火箭具备高可靠性，科技人员采用了55项新技术，解决了一系列技术难题，完成了堪称世界级课题的火箭故障检测诊断系统研制工作，确保中国航天员安全进入太空。正是发扬不畏艰险、特别能攻关的精神，中国航天科技集团一院的科技人员抓住一切机会提高火箭可靠性，最终完成了这些看似不可能完成的任务。

搭载神舟十二号载人飞船的长征二号F遥十二运载火箭发射升空

　　"特别能奉献"：诠释了航天人淡泊名利、默默奉献的崇高品质。一人飞天凝结万人心血。载人航天工程是一项宏大的系统工程，包括发射场、测控通信、着陆场、航天员、火箭、飞船等各大系统在内，每次载人飞行，有超过10万名技术人员用齿轮咬合般的团结协作托举起英雄飞天。从刻苦训练、等待飞天的航天员，到广大一线航天人，他们的坚守与飞天的辉煌一起，构成了中国航天史上厚重的一页。

　　经过几代航天人奋斗拼搏凝聚而成的载人航天精神，不仅是托起飞天梦的精神之翼，更是全体中国人民宝贵的民族精神财富。在新时代大力弘扬载人航天精神，对于加快建设航天强国、铸造中国航天新的辉煌具有十分重要的意义。中国航天人，以载人航天精神为动力源泉，正在为实现中国载人航天新的突破积蓄强大力量，不断谱写航天事业发展新篇章。

神舟十六号载人飞船与长征二号F遥十六运载火箭组合体

人物故事：首位进入太空的中国航天英雄

"10，9，8，7，6，5，4，3，2，1，点火！"倒计时结束，长征二号F运载火箭喷射出朱红火焰，发出巨大的轰鸣声，腾空而起，直冲云霄。这一天，是2003年10月15日，是中国人实现千百年来飞天梦想的具有里程碑伟大意义的一天，从这一天起，中国载人航天事业开始了史诗般的壮丽篇章。我们的航天英雄杨利伟搭乘神舟五号载人飞船，在长征二号F运载火箭的助推下进入太空，成为首位进入太空的中国人。

搭载神舟五号载人飞船的长征二号F运载火箭发射升空

杨利伟

　　杨利伟出生于1965年6月，辽宁省绥中县人。绥中县城有一个军用机场，有一年学校组织学生去机场观看飞机飞行，杨利伟也参加了。从此，驾机翱翔蓝天的梦想便深植在他的心中，不断向下扎根、向上生长。

　　1983年，空军要在应届毕业生中选拔飞行员，即将参加高考的杨利伟毫不犹豫地报名了，并在一系列的选拔、考察、体检等程序之后，于1983年6月正式成为保定航校的新学员。1984年夏天，杨利伟和几十个同学一起被转到新疆的空军第八航校学习。毕业后，杨利伟历任空军某师飞行员、中队长，曾驾驶过歼击机、强击机等机型，安全飞行1 350小时，被评为一级飞行员。1996年，杨利伟参加了预备航天员的选拔，并于1998年1月正式成为我国第一批航天员。

　　成为航天员后，杨利伟每天都要进行高强度的体能训练，承受各种磨砺。他经受住了重重考验，最终凭借超强体能和强大的心理素质脱颖而出，成为乘坐神舟五号载人飞船飞向太空的唯一航天员，叩问苍穹，寻梦天河。

　　2003年10月16日，在太空中飞行了21时23分、环绕地球14圈后，杨利伟乘坐返回舱成功着陆，我国首次载人航天飞行圆满成功！我国成功实现了中华民族翘首以盼的飞天梦，中国也成为继苏联、美国之后，全球第三个独立掌握载人航天技术的国家。

　　然而，鲜有人知道，我国首次载人航天飞行成功的背后，存在巨大的风险。尽管在飞行前，我国载人航天工程各系统作了万全的准备，但毕竟当时是首次载人飞行，任何一个意外事件，都可能导致严重的后果。为了这次飞行，杨利伟其实已经作好了随时牺牲的准备。

　　在火箭离开地面加速上升时，航天员会感受到超重现象带来的巨大压力。杨利伟也感受到了这种压力，经过多年的训练，他对这种压力已经习以为常。然而当火箭上升到距离地面三四千米的高度时，火箭和飞船开始剧烈抖动，产生共振。共振叠加超重带来的巨大的过载，让杨利伟觉得五脏六腑似乎都要碎了，这是我国航天员从来没有遇到过的局面。好在这种共振在持续了26秒后慢慢减轻下来。如果共振时间过长，后果将不堪设想。针对这个问题，工作人员通过分析研究，改进了技术工艺，后续神舟飞船的发射过程，再也没有出现过共振的情形。

在返回时，飞船返回舱与大气摩擦产生的高温将舷窗外面烧得一片通红，右侧的舷窗甚至出现了裂纹。杨利伟曾一度以为舷窗要不行了。等到飞船返回地球后，杨利伟才得知，裂纹只出现在舷窗的涂层上，当时只是虚惊一场。

杨利伟履危险如平地，遇困难而不放弃，用顽强拼搏、永不言弃、勇于牺牲的精神，迎接每一次挑战，为我国载人航天事业积累了宝贵的实战数据和飞行经验，完成了一个超越梦想、被历史镌刻铭记的壮举，与神舟五号载人飞船共同筑起了中国航天事业的巍巍里程碑。

第二章
中国迈入了"空间站时代"

2

经过一代又一代人锲而不舍的奋斗，人类在太空遨游的梦想已经实现。现在，人类有了更伟大的想象，那就是在太空中诗意地栖居。我们的祖先认为天上有神仙，而神仙就住在天上的房子里，他们把这个房子叫"天宫"。如今，璀璨的繁星间有了我们中国人自己的空间站，这个空间站就使用了神话传说中"天宫"这一极具中国文化底蕴的名字。中国空间站到底长什么样子？它是怎么建成的？谁会在上面居住？本章中，我们将带你登上中国空间站，近距离、全方位地了解这一科技含量高、现代感十足的"太空之家"。

01

"天上宫阙"长什么样?

天宫空间站是名副其实的"天上宫阙"。天宫空间站的基本构型由三大舱段组成,分别是天和核心舱、问天实验舱和梦天实验舱。在任务繁忙时,天宫空间站还可同时停靠三艘飞船,包括两艘神舟飞船和一艘天舟飞船。空间站组合体形成"三船三舱"的构型时,总质量近百吨。

如果把神舟飞船比作一辆"轿车",那么天宫一号和天宫二号相当于一室一厅,天宫空间站则像是三室两厅还带储藏间的"豪宅"。"三室"即三大舱段,"两厅"即对接后的两艘神舟飞船,而"储藏间"就是天舟飞船。

2022年11月3日,这是中国航天史上值得纪念的一天。在这一天,发射成功不久的梦天实验舱顺利完成转位,对接于天和核心舱侧向端口,这标志着中国空间站"T"字基本构型在轨组装完成。

　　天和核心舱是"T"字的一竖。正如这一竖在"T"字中起支撑作用一样，天和核心舱犹如空间站的"定海神针"，是中国空间站的神经中枢、"驾驶舱"，起到控制和管理整个空间站的作用。

转位成功的问天实验舱和梦天实验舱对向分布在天和核心舱两侧，形成"T"字的一横。在这一横的两端，问天实验舱和梦天实验舱的太阳翼纵向展开，犹如空间站张开的两大翅膀。问天实验舱的气闸舱和梦天实验舱的货物气闸舱分别位于"T"字一横的两端，航天员和货物分别从这两个气闸舱进出。将气闸舱放在空间站整体结构的两侧，可保证空间站运行的安全性。

中国空间站示意图

　　为什么我国空间站组合体要形成 "T" 字基本构型？这是为了使航天器易于运动控制，保证空间站主结构和质量分布尽量对称、紧凑，这样的构型稳定性也更好，在太空飞行时会更加节省能源。在这个构型下，天和核心舱保持着前向、后向、径向三向对接的能力，可更好完成与载人飞船和货运飞船的对接，并保持相对稳定的状态。"T" 字基本构型是我国空间站设计人员集体智慧的结晶，在传承了中国建筑特有对称之美的同时，也通过 "一横一竖" 的巧妙设计传递出我国空间站寓繁于简的建设理念。

　　当然，天宫空间站的 "T" 字基本构型不是一成不变的。目前，天宫空间站已经全面建成，进入为期10年以上的应用与发展阶段。为进一步支持在轨科学实验，为航天员的工作和生活创造更好的条件，我国将适时发射扩展舱段，届时天宫空间站也将更加壮观。

空间站的"驾驶舱"

完全体的中国空间站犹如一座"太空豪宅",天和核心舱就是这座"太空豪宅"的"豪华主卧"。

天和核心舱是空间站的管理和控制中心,提供航天员生活和工作的场所。天和核心舱全长16.6米,比5层楼还要高,大柱段直径为4.2米,小柱段直径为2.8米,供航天员工作、生活的空间约50立方米。

中国空间站天和核心舱示意图

天和核心舱包括节点舱、生活控制舱和资源舱三部分，有3个对接口和2个停泊口。2个停泊口用于连接问天和梦天两大实验舱，使它们与核心舱一起组装成空间站组合体。3个对接口中，有2个位于节点舱，1个位于资源舱末端。节点舱的2个对接口主要用于载人飞船的对接和停泊，资源舱末端的1个对接口接纳货运飞船停靠补给。对接口还可以支持其他飞行器短期停靠，并接纳新的舱段对接，扩展空间站规模。节点舱还有一个出舱口，用于航天员出舱活动。

小柱段是航天员的睡眠区和卫生区，其中设有3间独立卧室，还配有卫生间。大柱段主要是航天员工作和实验的地方，其中设有工作区、锻炼区、就餐区、医监医保区、储藏间等区域，同时也配备了各式各样的家用电器——微波炉、冰箱、饮水机等，支持航天员长期在轨工作和生活。天和核心舱还配有Wi-Fi（一种短距离高速无线数据传输技术，主要用于无线上网），航天员可以通过计算机、手机无线上网，同时还能在任意位置与地面进行联络等。

天和核心舱采用了大面积可展收柔性太阳翼，这是中国首次采用柔性太阳翼作为航天器的能量来源。天和核心舱的太阳翼双翼展开面积可达134平方米，相当于两个标准单打羽毛球场的大小。虽然展开面积如此之大，但这种柔性太阳翼在全部收拢后只有一本书的厚度，在寸土寸金的空间站上，将轻量化设计用到了极致。天和核心舱的小柱段外围连接有用于空间对接和太空操作的空间机械臂。空间机械臂展开长度达10.2米，承载的质量可以达到25吨，能够轻松抓起空间站任何一个舱段，是名副其实的"大力士"。

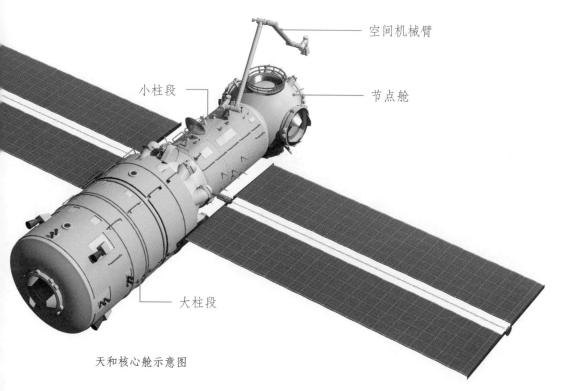

空间机械臂

小柱段

节点舱

大柱段

天和核心舱示意图

天和核心舱空间机械臂（大机械臂）

　　天和核心舱空间机械臂设有3个肩部关节、1个肘部关节和3个腕部关节，具有7个自由度，可以在空间站的舱体表面爬行移动，实现各种复杂的操作。机械臂末端还设有视觉传感器，可以进行状态监测和目标识别。

知识链接

天和核心舱于2021年4月29日在海南文昌航天发射场搭乘长征五号B遥二运载火箭升空，让我国载人航天工程"三步走"发展战略的第三步——建造空间站，解决有较大规模的、长期有人照料的空间应用问题成为现实。成功入轨后，天和核心舱又于同年5月30日与天舟二号货运飞船实现自主快速交会对接，接收了第一次"太空快递"。2021年6月17日，神舟十二号载人飞船与天和核心舱自主快速交会对接，航天员聂海胜、刘伯明、汤洪波先后进入天和核心舱，这是中国人首次进入自己的空间站。中华民族的飞天事业，站在了全新的起点上。

搭载中国空间站天和核心舱的
长征五号B遥二运载火箭点火升空

习近平总书记致电祝贺中国空间站天和核心舱成功发射

　　2021年4月29日，中国空间站天和核心舱发射升空，准确进入预定轨道，任务取得圆满成功。习近平总书记代表党中央、国务院和中央军委致电祝贺："建造空间站、建成国家太空实验室，是实现我国载人航天工程'三步走'战略的重要目标，是建设科技强国、航天强国的重要引领性工程。天和核心舱发射成功，标志着我国空间站建造进入全面实施阶段，为后续任务展开奠定了坚实基础。希望你们大力弘扬'两弹一星'精神和载人航天精神，自立自强、创新超越，夺取空间站建造任务全面胜利，为全面建设社会主义现代化国家作出新的更大的贡献！"

"天和"小档案

全长：16.6米

直径：大柱段4.2米，小柱段2.8米

发射质量：22.5吨

组成：节点舱、生活控制舱、资源舱

功能：空间站的管理和控制中心，航天员
　　　 生活和工作的场所

运载火箭：长征五号B遥二

升空时间：2021年4月29日

人物故事：首批进入中国空间站的中国航天员之一

2021年6月17日，神舟十二号载人飞船在酒泉卫星发射中心发射升空，并与天和核心舱成功实现自主快速交会对接。当日18时48分，作为神舟十二号载人飞行任务乘组指令长的聂海胜第一个进入天和核心舱，刘伯明、汤洪波紧随其后进入天和核心舱。这是中国人首次进入自己的空间站，聂海胜也成为首位进入空间站的中国航天员。这是他继执行神舟六号和神舟十号载人飞行任务后，第三次进入太空。

搭载神舟十号载人飞船的长征二号F运载火箭点火起飞

聂海胜

　　聂海胜出生于1964年9月，湖北枣阳人。飞行是聂海胜的梦想。早在儿时放牛时，他就做过生出翅膀飞上蓝天的梦。有梦想并矢志不移的人都有非凡的魄力。1983年，高中毕业的聂海胜如愿进入空军第一航空预备学校，成为一名光荣的空军飞行员，并创下安全飞行1 480小时的纪录，被评为空军一级飞行员。

　　成绩的背后，是难以想象的各种艰险。

　　1989年的某天，聂海胜在执行某型歼击机改装后的单飞任务时，发生了意外。那天，在飞向4 000多米的高空时，伴随着"砰"的一声爆响，飞机发动机突然停止工作了。飞机高度急剧下降，舱内温度快速上升，地面指挥员同意他跳伞，但聂海胜冒着生命危险冷静操作，试图通过滑行的方式让飞机安全着陆。在飞机距离地面只有四五百米时，聂海胜才按下弹射座椅的开关。事后查明，事故是发动机机械故障造成的。他凭借试图挽救飞机的勇敢举动而荣立三等功。在经历了重重考验后，聂海胜的心理素质更加成熟，这为其后来成为航天员打下了坚实的基础。

1998年，聂海胜入选我国首批航天员。凭借自己在训练中的优异表现，2003年9月，聂海胜入选神舟五号的首飞梯队。虽然在最后一刻与"飞天第一人"失之交臂，但聂海胜依然坚定信念，毫不懈怠，最终在2005年10月12日，乘坐神舟六号载人飞船成功升空，与费俊龙一起，成为继杨利伟之后第二批进入太空的航天员。在飞行中，费俊龙和聂海胜还打开返回舱与轨道舱连接处的舱门，首次进入轨道舱进行了科学实验活动。在绕地飞行近120小时后，2005年10月17日，两位航天员成功返回地面，神舟六号载人飞行任务取得圆满成功。

斗转星移，8年之后的2013年6月11日，聂海胜乘坐神舟十号载人飞船再次升空。这次任务，担任指令长的聂海胜，带领航天员张晓光、王亚平完成了为期15天的飞行任务，先后与天宫一号目标飞行器进行自动交会对接和手控交会对接，并开展了中国航天史上的首次太空授课。

已经两次圆梦太空的聂海胜对训练毫不松懈，他时刻作好承担更加艰巨任务的准备。功夫不负有心人，2021年6月17日，搭载神舟十二号载人飞船的长征二号F运载火箭，在酒泉卫星发射中心点火发射。再度担任指令长的聂海胜，与刘伯明、汤洪波一同进入天和核心舱,成为中国空间站的首批访客。此次航天飞行,也使聂海胜成为继景海鹏之后,第二位三上太空的中国航天员。

自古中国多矢志报国、自强不息、奋斗不已的英雄志士,聂海胜正是其中一员。三上太空揽星月,航天报国圆飞梦。回首自己的航天路,聂海胜心生感慨:"20多年,3次'飞天'。我的每一小步,都幸运地走在中国航天的每一大步里。我的初心是出征太空,我的使命就是圆满完成任务,我的状态就是时刻准备着。"

03

空间站的首个实验舱

问天实验舱是航天员开展空间科学实验和技术试验的场所，也是航天员的工作生活场所和应急避难场所。问天实验舱全长17.9米，竖起来有6层楼高，最大直径4.2米，发射质量约23吨，比天和核心舱更大、更沉。

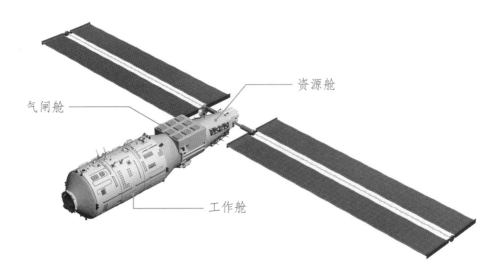

资源舱

气闸舱

工作舱

问天实验舱示意图

如果说天和核心舱是空间站的"豪华主卧",那么问天实验舱就是"高档次卧"。

问天实验舱同样具有空间站组合体统一管理和控制能力,若核心舱因意外出现故障而无法发挥作用时,问天实验舱可接管控制权,为空间站的正常运维提供安全保障。

问天实验舱由工作舱、气闸舱及资源舱三部分组成。问天实验舱和天和核心舱一样,配置了工作区、睡眠区、卫生区、就餐区和锻炼区。睡眠区的3个独立"卧室",每间都有防辐射舷窗,航天员在休息时可安心欣赏舱外风景。舱内设置的独立卫生区,进一步提升了私密性。在两个航天员乘组在轨轮换期间,问天实验舱可以与天和核心舱一起支持6名航天员的生活。

问天实验舱的工作舱长达9米,舱内配置了生命生态实验柜、生物技术实验柜、科学手套箱与低温存储柜、变重力科学实验柜等科学实验设施,就像把一个大型科学实验室搬到了太空。问天实验舱内开展的科学研究项目大多与生命科学和生物技术有关,研究人员将通过这些科学研究项目的实施,关注生命生长发育和人的健康,探索人类长期太空生存所面临的一系列科学问题。

问天实验舱还配置了全新的专用气闸舱。与传统的密封舱不同,气闸舱首次采用"外方内圆"的构型方案,视觉效果十分独特。作为目前我国最大的专用气闸舱,它的出舱口比以往舱门更大、保护装置配备更齐全,在轨组装应急舱门则为航天员出舱活动提供了安全保障。航天员通过新的气闸舱进行出舱准备和舱外返回时，可以更舒展、更从容，使得出舱活动、开展舱外实验更为便利。由于出舱口变宽，航天员还能携带设备出舱工作，舱外工作能力大大提升。

问天实验舱尾部的柔性太阳翼，犹如伸展出来的"翅膀"，全部展开后翼展超过55米，单侧太阳翼展开面积可达138平方米，并且首次采用太阳翼双自由度同时转动，让柔性太阳翼24小时不间断追踪太阳，确保每一缕阳光都垂直照射在太阳翼上。无论是展开面积还是供电能力，这对"翅膀"都达到了天和核心舱太阳翼的两倍之多。在问天实验舱气闸舱外，还配置了一个小型空间机械臂。这款机械臂的展开长度约5米，仅为天和核心舱大机械臂的一半，最大承载质量为3吨，虽然拖动能力逊于核心舱的大机械臂，但它更为灵巧，方便抓取中小型设备。

问天实验舱空间机械臂（小机械臂）

问天实验舱空间机械臂的自由度与天和核心舱空间机械臂的相同，既可以单独使用，也可以和核心舱的大机械臂连接为15米长的组合臂，在整个空间站不同舱段之间爬行，共同完成航天员出舱、舱外设施照料、巡检等任务。

知识链接

　　2022年7月24日，长征五号B遥三运载火箭一飞冲天，将问天实验舱送上太空。随后，问天实验舱与天和核心舱成功交会对接。2022年7月25日，神舟十四号航天员陈冬、刘洋和蔡旭哲进入问天实验舱，这是中国航天员首次在轨进入科学实验舱。中国空间站长期、多领域、大规模空间科学与应用研究也将正式开始。

"问天"小档案

长度：17.9米

最大直径：4.2米

发射质量：约23吨

组成：工作舱、气闸舱、资源舱

功能：空间站的"备用大脑"，航天员工作
　　　和生活的场所

运载火箭：长征五号B遥三

升空时间：2022年7月24日

"问天"的"兄弟"

梦天实验舱是与天和核心舱对接的第二个实验舱。在外观上，梦天实验舱具有17.9米的长度、4.2米的最大直径、约23吨的发射质量，以及柔性太阳翼，俨然问天实验舱的"孪生兄弟"。

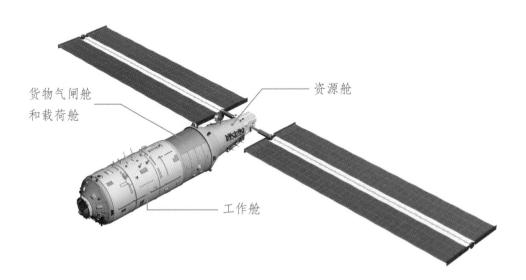

梦天实验舱示意图

梦天实验舱没有独立的卧室和卫生间，但就像家中的书房一样，梦天实验舱可以为航天员提供超过32立方米的工作和活动空间。

梦天实验舱由工作舱、载荷舱、货物气闸舱和资源舱组成。由于空间站大量基础设施建设由天和核心舱与问天实验舱承担，梦天实验舱的工作舱不需要部署睡眠区、卫生间等生活设施，因而有充足的空间部署科学实验设施，也称得上"空间站在轨科学实验工作的核心载体"。

相比于问天实验舱主要面向空间生命科学研究，梦天实验舱则主要面向微重力科学研究。梦天实验舱先期携带的8个科学实验柜，能够在微重力基础物理、空间材料科学、微重力流体物理与燃烧科学等方向开展相关的科学和应用研究。除舱内科学实验柜外，载荷舱还配置有两块可在轨展开的暴露平台和一个固定式暴露平台，用于舱外暴露实验。

与问天实验舱的气闸舱相比，梦天实验舱的货物气闸舱并不是供航天员出舱使用的，而是用于货物进出舱。货物气闸舱采用"内舱门+外舱门"的设计，通往工作舱的内舱门和面向太空的外舱门不能同时打开。航天员进行空间站货物出舱任务时，先打开通往工作舱的内舱门，将货物安装完毕后关闭内舱门，由地面发出指令开启外舱门，货物由此出舱。这种设计的巧妙之处在于航天员不用身穿舱外航天服，在舱内就可以完成载荷和货物的安装操作。在运送能力方面，货物气闸舱配置了一台载荷转移机构，运送能力可达400千克，单次运送货物尺寸可以达到1.15米×1.2

米×0.9米。货物气闸舱上还安装了一款独一无二的方形舱门，采用全自动弧形滑移设计，宽度可达1.2米，可以满足将来更大尺寸、更大质量货物的进出舱需求。梦天实验舱货物气闸舱的应用，能为空间站更加高效、安全地开展各类舱外科学实验提供强大支持，进一步提升我国空间站的科学应用能力。

2022年10月31日，长征五号B遥四运载火箭托举梦天实验舱升空。11月1日，梦天实验舱成功对接于天和核心舱前向端口。2022年11月3日，随着梦天实验舱的转向成功，组建中国空间站的第三块"大积木"正式就位。这标志着中国空间站"T"字基本构型在轨组装完成，向着建成空间站的目标迈出了关键一步。

"梦天"小档案

全长：17.9米

最大直径：4.2米

发射质量：约23吨

组成：工作舱、载荷舱、货物气闸舱和资源舱

功能：开展舱内外的空间科学实验和技术试验的场所

运载火箭：长征五号B遥四

升空时间：2022年10月31日

从中国空间站俯瞰地球（来源：汤洪波/中国载人航天工程办公室）

背景知识——天宫家族

中国空间站的名字是"天宫"。在中国空间站建成之前，还有两个航天飞行器也被命名为"天宫"，它们是天宫一号目标飞行器和天宫二号空间实验室。

我国载人航天工程"三步走"战略的第一步，即发射载人飞船，建成初步配套的试验性载人飞船工程，开展空间应用实验，已经随着神舟五号、神舟六号载人飞船的成功返航而圆满完成。

"三步走"战略的第二步，即突破航天员出舱活动技术、空间飞行器交会对接技术，发射空间实验室，解决有一定规模的、短期有人照料的空间应用问题，也随着神舟七号载人飞船航天员翟志刚成功实现太空漫步而拉开序幕。

在突破了航天员出舱活动技术后，第二步的剩余任务，就主要交由天宫一号和天宫二号，以及相继发射的神舟飞船和天舟飞船共同完成。

天宫一号目标飞行器最主要的任务是与神舟八号、神舟九号以及神舟十号飞船配合完成空间交会对接试验，为建造空间站积累经验。

天宫一号的长度为10.4米，最大直径为3.35米，总设计质量约8.5吨，分为实验舱和资源舱两部分，航天员的活动空间达到15立方米，可有效解决航天员在太空中的驻留问题。

2011年9月29日，天宫一号搭乘长征二号F T1运载火箭，在酒泉卫星发射中心成功升空并进入预定轨道。2011年11月1日，神舟八号无人飞船顺利升

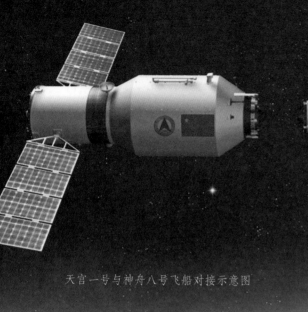

天宫一号与神舟八号飞船对接示意图

空，并在两天后与天宫一号进行第一次空间在轨交会对接。随后，神舟八号无人飞船在与天宫一号脱离后再次完成交会对接试验。两次试验的圆满成功标志着我国成功突破了空间交会对接和组合体在轨运行等一系列关键技术。

2012年6月18日，神舟九号载人飞船与天宫一号实现自动交会对接，景海鹏、刘旺和刘洋三名航天员进入天宫一号。这是天宫一号首次迎来"娘家人"。此后，神舟九号还与天宫一号进行了一次手控交会对接，这标志着我国航天技术向空间站建设又迈出了关键性的一步。

2013年6月13日，天宫一号又迎来了神舟十号载人飞船航天员聂海胜、张晓光和王亚平。王亚平在天宫一号中进行了中国首次太空授课活动。

在相继送走神舟八号、神舟九号、神舟十号3艘飞船后，天宫一号在无人驻留的情况下，开展了多项试验和测试，为空间站的研制积累了宝贵的经验。2016年3月16日，已经超期服役两年半的天宫一号正式终止数据传输，完成了光荣的历史使命。

　　天宫一号的成功，极大地鼓舞了航天工作者的信心。2016年9月15日，天宫二号空间实验室在酒泉卫星发射中心成功发射，并于2016年10月19日迎来了神舟十一号载人飞船。景海鹏和陈冬两名航天员在天宫二号中驻留了30天。

　　天宫二号在外观上与天宫一号差别不大，但承担的任务却大不相同。天宫一号的主要任务是作为目标飞行器配合完成空间交会对接试验，而天宫二号的主要任务是接受神舟飞船的访问，完成航天员中期在轨驻留任务，考核面向长期飞行的乘员生活、健康和工作保障等相关技术；接受货运飞船的访问，考核验证推进剂在轨补加技术；开展大规模空间科学和应用实验，以及在轨维修和空间站技术验证等试验。

　　2019年7月19日，天宫二号空间实验室在圆满完成任务后，按计划坠入大气层中，标志着中国载人航天工程空间实验室阶段全部任务圆满完成。我国载人航天事业即将迎来空间站时代。

　　在8年的时间里，天宫一号目标飞行器和天宫二号空间实验室，为中国空间站的建设积累了宝贵的经验。在我们仰望苍穹，为中国空间站喝彩之时，不能忘记两个"前辈"为空间站建设工程的付出。

天宫二号与神舟十一号载人飞船对接示意图

05

空间站的"好搭档"

中国空间站的研制及建设是一项复杂的系统工程，不仅需要解决"住"的问题，还要综合解决"行"和"用"的问题。这就涉及天地往返运输系统和货物运输系统。这些系统是空间站建设中必不可少的部分，是空间站的"好搭档"。

神舟飞船——天地往返的"小轿车"

我国航天员的飞天之旅，离不开神舟飞船和长征二号F运载火箭。神舟飞船如同"小轿车"，主要用于支持航天员实现天地往返，长征二号F运载火箭的主要作用则是将神舟飞船送入太空。截至2024年5月，已经有18艘神舟飞船翱翔太空，其中包括5艘无人飞船和13艘载人飞船。2022年11月30日，神舟十五号载人飞船对接于天和核心舱前向端口，中国空间站实现了同时停靠两艘载人飞船的壮举，首次形成了"三舱三船"的最大构型。

神舟飞船由3个舱段组成，分别是轨道舱、返回舱和推进舱。轨道舱用于与空间站的天和核心舱交会对接，也可以用于航天员在轨生活和工作。返回舱是飞船发射和返回过程中航天员所乘坐的舱段，是飞船的指挥控制中心。推进舱也称动力舱，为飞船的在轨飞行和返回提供动力。在停靠空间站期间，神舟飞船不仅可以用于航天员应急救生和返回，还能拓展航天员的活动空间。

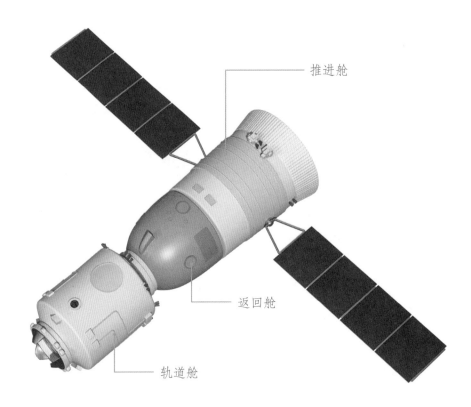

推进舱

返回舱

轨道舱

神舟飞船示意图

　　自神舟十二号载人飞船与天宫空间站成功交会对接以来，已有多艘神舟飞船造访过中国空间站，最长停留时间长达半年。在中国空间站应用与发展阶段，预计将会有更多的神舟飞船升空，为天宫空间站送去一批又一批航天员。

天舟飞船——货物运输的"快递小哥"

　　在空间站应用与发展阶段，航天员将长期连续驻留空间站，通常每年进行两次乘组轮换，他们的给养如何解决？此时天舟飞船的用处就凸显出来了。天舟飞船主要为空间站运送推进剂等物资、需要维修或更换的设备和空间科学实验设备与实验用品，为航天员运送工作和生活用品，是名副其实的太空"快递小哥"。

　　自古以来，勤劳勇敢的中国人民就熟知"兵马未动，粮草先行"的道理。为了解决航天员在空间站长期工作和生活的物资补给等问题，早在2012年，·我国载人航天工程就开始进行天舟飞船系统的初样研发工作。2017年4月20日，长征七号遥二运载火箭点火升空，将天舟一号货运飞船送入预定轨道。2017年4月22日天舟一号货运飞船与天宫二号空间实验室完成首次对接。这是我国载人航天工程"三步走"发展战略第二步的收官之作，标志着我国即将开启空间站时代。

推进舱

货物舱

天舟飞船示意图

2022年11月12日，天舟五号货运飞船成功对接于天和核心舱后向端口，中国航天员首次在空间站迎接货运飞船来访。

除运送物资和设备外，天舟飞船也承担着带回空间站废弃物的使命。这一使命有些悲壮，天舟飞船完成既定任务后，会和空间站上的废弃物一起坠入大气层烧毁，极少量残骸将陨落在地球的南太平洋海域。

自2017年以来，我国已经成功发射七艘天舟飞船。在空间站工程中，太空"快递小哥"不可或缺，功不可没，书写着自己不负使命、默默奉献的动人篇章。

巡天空间望远镜

在天宫空间站的好搭档里，还有一个纵览太空星云、深窥宇宙奥秘的"千里眼"——巡天空间望远镜。

按照设想，巡天空间望远镜质量将达到十几吨，具备自主飞行能力，其主镜口径可达2米，能进行高分辨率天文观测。值得一提的是，巡天空间望远镜的设计非常巧妙。在正常执行任务时，巡天空间望远镜可以与空间站共轨飞行；而在需要燃料补给和设备维修时，巡天空间望远镜又可以与空间站对接，进行推进剂补加和设备维修维护，提高自身寿命和工作性能。

相信在不久的将来，巡天空间望远镜就能发射升空，中国人民期待已久的太空"千里眼"终将成为现实。

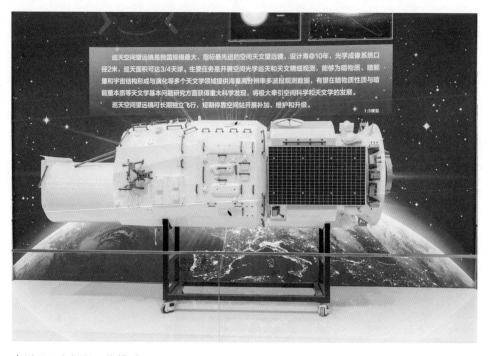

中国巡天空间望远镜模型

06

在太空中"搭积木"

天宫空间站形成"三舱三船"的最大构型时，总质量近百吨。这样一个孤悬在地球之上的"庞然大物"究竟是怎样建成的？形象地说，整个空间站的建造过程，就是一个在太空中"搭积木"的过程。

"搭积木"的前提是把一个个"积木"，即核心舱、实验舱和飞船送入太空。在这一过程中，大推力的运载火箭显然必不可少。

2020年5月5日，在海南文昌航天发射场，长征五号B遥一运载火箭点火升空，成功将新一代载人飞船试验船和柔性充气式货物返回舱试验舱送入太空轨道。这是该型号的火箭首次升空，也是中国空间站在轨建造阶段的第一次飞行任务，从此我国载人航天工程"三步走"战略的第三步正式拉开帷幕。

在长征五号B遥一运载火箭首飞成功后，2021年4月29日，天和核心舱搭乘长征五号B遥二运载火箭成功升空。这是构建我国空间站的第一块"大积木"。而后相继升空的神舟十二号、神舟十三号、神舟十四号载人飞船和天舟二号、天舟三号、天舟四号货运飞船,与天和核心舱进行了多次对接,圆满完成了工作任务,为后续"搭积木"打下了坚实的基础。

2022年7月24日,长征五号B遥三运载火箭成功将问天实验舱送入预定轨道。问天实验舱与天和核心舱对接,形成"一"字构型。同年9月30日,问天实验舱转位,与天和核心舱重新"拼接"为"L"形。

2022年10月31日,长征五号B遥四运载火箭将梦天实验舱送入太空,梦天实验舱与天和核心舱完成对接,并于2022年11月3日成功转位。随着3块"大积木"拼接完成,我国空间站"T"字基本构型在轨组装完成。

此后,天舟五号货运飞船和神舟十五号载人飞船在一个月内接连升空,与神舟十四号载人飞船在空间站胜利会师。3块"小积木"陆续到位,形成了我国空间站"三舱三船"的构型,至此,太空"积木"搭建完成。

构成空间站组合体的"积木"并不是一成不变的。驻留空间站的航天员通常每年进行两次乘组轮换,每次轮换,停靠空间站的神舟飞船也会发生变化。根据航天员工作和生活的需要,天舟飞船也会不定期对接核心舱进行物资补给。

虽然我们用"搭积木"来形容中国空间站的建设过程,有了一丝浪漫主义色彩,但实际上在太空在轨建造空间站远比我们想象的要复杂和艰难得多,难度系数与在地面建房子不可同日而语。中国空间站是长期统筹运营的系统工程,是三十年来航天人坚持不懈奋斗的心血结晶,是中国创新智慧磅礴释放的成果,是伟大中国力量的体现,是我们中国人的骄傲和荣耀。

1

问天实验舱与天和核心舱形成"一"字构型示意图

4

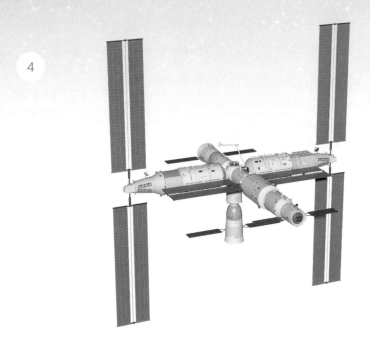

梦天实验舱转位成功后，中国空间站"T"字构型示意图

问天实验舱转位，与天和核心舱形成"L"形示意图

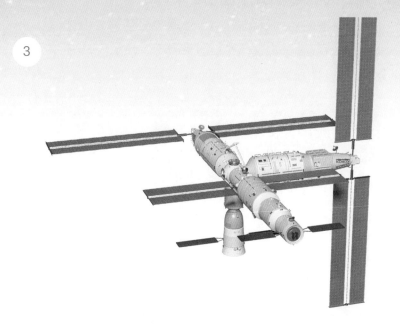

梦天实验舱与天和核心舱对接示意图

中国空间站工程的 17 次发射（截至 2024 年 5 月）

第1次

发射时间：2020 年 5 月 5 日 18 时 00 分

发射地点：文昌航天发射场

事件：长征五号 B 遥一运载火箭搭载新一代载人飞船试验船和柔性充气式货物
　　　返回舱实验舱发射成功

意义：这是中国空间站在轨建造阶段的第一次飞行任务，我国载人航天工程
　　　"三步走"战略的第三步正式拉开帷幕

第2次

发射时间：2021 年 4 月 29 日 11 时 23 分

发射地点：文昌航天发射场

事件：天和核心舱搭乘长征五号 B 遥二运载火箭成功升空

意义：首个组合舱翱翔太空，中国空间站在轨建设全面开启

第3次

发射时间：2021 年 5 月 29 日 20 时 55 分

发射地点：文昌航天发射场

事件：天舟二号货运飞船搭乘长征七号遥三运载火箭成功升空，对接于天和核
　　　心舱后向端口

第4次

发射时间：2021 年 6 月 17 日 9 时 22 分

发射地点：酒泉卫星发射中心

成员：聂海胜、刘伯明、汤洪波

事件：神舟十二号载人飞船搭乘长征二号 F 遥十二运载火箭成功升空，对接于
　　　天和核心舱前向端口

意义：中国航天员首次进入中国空间站

第5次

发射时间：2021年9月20日15时10分

发射地点：文昌航天发射场

事件：天舟三号货运飞船搭乘长征七号遥四运载火箭成功升空，对接于天和核心舱后向端口

第6次

发射时间：2021年10月16日0时23分

发射地点：酒泉卫星发射中心

成员：翟志刚、王亚平、叶光富

事件：神舟十三号载人飞船搭乘长征二号F遥十三运载火箭成功升空，对接于天和核心舱径向端口

意义：神舟十三号乘组共在轨飞行183天，标志着中国空间站关键技术验证阶段完美收官

第7次

发射时间：2022年5月10日1时56分

发射地点：文昌航天发射场

事件：天舟四号货运飞船搭乘长征七号遥五运载火箭成功升空，对接于天和核心舱后向端口

第8次

发射时间：2022年6月5日10时44分

发射地点：酒泉卫星发射中心

成员：陈冬、刘洋、蔡旭哲

事件：神舟十四号载人飞船搭乘长征二号F遥十四运载火箭成功升空，对接于天和核心舱径向端口

第9次

发射时间：2022年7月24日14时22分

发射地点：文昌航天发射场

事件：问天实验舱搭乘长征五号B遥三运载火箭成功升空，对接于天和核心舱前向端口，而后转位对接于天和核心舱侧向右侧端口

意义：中国空间站首个实验舱在轨组装完成

第10次

发射时间：2022年10月31日15时37分

发射地点：文昌航天发射场

事件：梦天实验舱搭乘长征五号B遥四运载火箭成功升空，对接于天和核心舱前向端口，而后转位对接于天和核心舱侧向左侧端口

意义：中国空间站"T"字基本构型在轨组装完成

第11次

发射时间：2022年11月12日10时03分

发射地点：文昌航天发射场

事件：天舟五号货运飞船搭乘长征七号遥六运载火箭成功升空，对接于天和核心舱后向端口

第12次

发射时间：2022年11月29日23时08分

发射地点：酒泉卫星发射中心

成员：费俊龙、邓清明、张陆

事件：神舟十五号载人飞船搭乘长征二号F遥十五运载火箭成功升空，对接于天和核心舱前向端口

意义：中国空间站建造阶段的最后一次飞行任务，两个航天员乘组在空间站实现首次在轨轮换

第13次

发射时间：2023年5月10日21时22分

发射地点：文昌航天发射场

事件：天舟六号货运飞船搭乘长征七号遥七运载火箭成功升空，对接于天和核心舱后向端口

意义：中国空间站应用与发展阶段的首发航天器

第14次

发射时间：2023年5月30日9时31分

发射地点：酒泉卫星发射中心

成员：景海鹏、朱杨柱、桂海潮

事件：神舟十六号载人飞船搭乘长征二号F遥十六运载火箭成功升空，对接于天和核心舱径向端口

意义：中国空间站应用与发展阶段的首次载人飞行任务

第15次

发射时间：2023年10月26日11时14分

发射地点：酒泉卫星发射中心

成员：汤洪波、唐胜杰、江新林

事件：神舟十七号载人飞船搭乘长征二号F遥十七运载火箭成功升空，对接于天和核心舱前向端口

第16次

发射时间：2024年1月17日22时27分

发射地点：文昌航天发射场

事件：天舟七号货运飞船搭乘长征七号遥八运载火箭成功升空，对接于天和核心舱后向端口

第17次

发射时间：2024年4月25日20时59分

发射地点：酒泉卫星发射中心

成员：叶光富、李聪、李广苏

事件：神舟十八号载人飞船搭乘长征二号F遥十八运载火箭成功升空，对接于天和核心舱径向端口

背景知识——空间站为什么掉不下来?

　　中国人在形容距离很远的时候,经常会用到一个词语——千里之外。中国空间站距离地球表面约400千米,相当于从北京到济南的距离。若将这个距离用中国传统长度单位来表示,约为八百里。因此,如果我们用千里之外来形容中国空间站到地球表面的距离,并不算夸张。

　　空间站虽然远在千里之外,但和地面的物体一样,也受到地球引力的作用。为什么空间站不会掉下来呢? 设想我们站在一座高山上,当把一个物体从山顶水平抛出时,会发现抛出的速度越大,物体落地的位置越远。当速度足够大时,物体就不会落地,而是环绕地球做圆周运动。空间站就是这样一个环绕地球高速运动的"物体"。

　　中国空间站为什么会选择建在距离地球表面400千米这一高度呢? 首先,根据卡门线的概念,空间站的轨道高度要大于100千米。其次,轨道高度不能超过600千米,因为在距离地球表面600千米以外的空间中存在大量来自太空的高能粒子,这些高能粒子不仅会对飞行器造成极大的伤害,而且会严重损害航天员的健康。而在100~600千米这个区域内,轨道越高,大气越稀薄,对空间站运行的阻力越小,但也意味着需要推力更大的运载火箭;轨道越低,空间站受到的大气阻力越大,需要消耗更多的燃料来维持飞行高度。最终综合各方面因素考量,400千米的轨道高度成为中国空间站太空落脚的最佳位置。

　　虽然中国空间站的运行高度已经达到400千米,但其依然受到稀薄大气阻力的影响，如果不加干预，空间站最终要坠入大气层中。但是我们不用担心，因为科学家们会不断调整空间站的轨道和运行姿态，保证空间站保持最佳的运行状态。比如，空间站利用自身的化学燃料发动机或者电推进发动机，可以把自己重新推回原来的轨道。特别是空间站的电推进发动机，可以有效减少化学燃料的消耗，最大限度地保证空间站的正常运行。

此时，中国空间站正以接近7.9千米/秒的速度围绕地球飞行。中国空间站每天要绕地球飞行近16圈，也就是说，空间站中的航天员们每天可以经历16次日出与日落，这可谓独属于航天员的神奇体验。

知识链接

三个宇宙速度

地球引力像一根无形的"绳子"，牵引着月球和人造地球卫星环绕地球转动。在地面附近发射飞行器，如果速度（v）等于7.9千米/秒，这一飞行器只能围绕地球做圆周运动，还不能脱离地球引力的束缚，飞离地球实现星际航行。我们把7.9千米/秒叫作第一宇宙速度。在地面附近发射飞行器，如果速度大于7.9千米/秒，又小于11.2千米/秒，它绕地球运行的轨迹就不是圆，而是椭圆。当飞行器的速度等于或大于11.2千米/秒时，它就会克服地球的引力，永远离开地球。我们把11.2千米/秒叫作第二宇宙速度。达到第二宇宙速度的飞行器还无法脱离太阳对它的引力。在地面附近发射飞行器，如果要使其挣脱太阳引力的束缚，飞到太阳系外，必须使它的速度等于或大于16.7千米/秒，这个速度叫作第三宇宙速度。

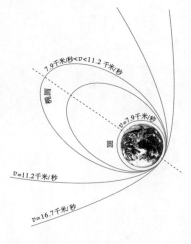

三个宇宙速度

07

空间站上的"乘客"

　　2021年6月17日，在天和核心舱发射升空不到2个月的时间里，神舟十二号载人飞船便与天和核心舱成功交会对接。航天员聂海胜、刘伯明、汤洪波先后进入天和核心舱，我国空间站正式迎来第一批"乘客"。

正在天和核心舱执行任务的神舟十二号航天员聂海胜（中）、刘伯明（右）、汤洪波（左）

在常态化运行期间，每次会有3名航天员作为一个乘组在空间站中长期飞行，乘组定期轮换。例如，在神舟十二号载人飞船返回地球后，中国空间站又迎来了3名新"乘客"——翟志刚、王亚平、叶光富，他们乘坐神舟十三号载人飞船造访空间站。

2022年11月30日，这是一个中国航天史上值得纪念的日子。这一天，神舟十五号载人飞船与空间站完成对接，3名航天员进入空间站，与神舟十四号航天员乘组在中国空间站相拥问候，实现了中国载人航天史上首次"太空会师"，刷新了我国载人航天发展新高度。在接下来的5天里，两个乘组完成了交接工作。2022年12月4日，神舟十四号乘组乘坐载人飞船返回地球，我国空间站继续保持3名航天员在轨的工作状态。

截至神舟十八号载人飞船发射成功，我国已成功将22位（35人次）航天员送入太空，任务成功率高达100%。其中有19位航天员造访过天宫空间站。

航天员的工作，兼具光荣与使命。那么，谁有机会成为这万里挑一的幸运儿呢?

目前，我国大部分航天员都是从现役空军飞行员中选拔的。众所周知，空军飞行员的选拔非常严格，对个人素质要求较高，能脱颖而出的更是其中的佼佼者。经过长期的特殊训练后，无论是身体素质、心理素质，还是操作能力、判断能力，他们都更加出类拔萃。从现役飞行员中选拔的航天员，其主要职责是充当航天驾驶员，负责操纵、控制航天器。在中国空间站建成以后，航天员队伍中还需要航天飞行工程师和载荷专家。航天飞行工程师主要承担航天器在轨系统或设备的安装调试、维护维修等任务，载荷专家是从事空间科学研究和技术试验及负责有效载荷管理和操作的科研人员。根据空间站的实验项目，选择具有相关专业背景的科研人员进行训练，也是航天员选拔与训练的一个主要方向。1995—2024年，我国已经完成了四批预备航天员的选拔。首批航天员、56岁的邓清明在25年的坚守后终于登上中国空间站，至此，现役的第一批航天员全部完成了翱翔太空的壮举。在第二批航天员中，也有多人圆梦苍穹，并执行多次飞行任务，如我们熟悉的刘洋、王亚平、陈冬等。

2020年10月，第三批预备航天员选拔工作结束。这是我国首次从非现役空军飞行员中选拔航天员，7名航天驾驶员、7名航天飞行工程师、4名载荷专家入选。经过两年多的刻苦训练，这18名预备航天员已完成了8大类、近百项、400余个科目中的全部基础科目和大部分专业技术科目的训练内容。在神舟十六号载人飞行任务中，第三批航天员首次执行飞行任务。其中，朱杨柱成为我国首位进入太空的航天飞行工程师，桂海潮成为我国首位进入太空的载荷专家。

2024年6月，第四批预备航天员选拔工作结束。此次共有10名预备航天员入选，包括8名航天驾驶员和2名载荷专家。后续，他们将进入中国航天员科研训练中心接受全面系统的训练。

在训练过程中，航天驾驶员可以学到更多的科学知识，而科研人员也需要掌握基本的驾驶技能。在实践中学习，有探索精神和坚强意志，也是每个航天员应该具备的基本素质。执行过神舟十一号、神舟十四号载人飞行任务，首位在轨时间超过200天的航天员陈冬说，空间站任务在轨飞行时间长，实验项目会更多，希望自己通过加强学习，成为科研型航天员，可以独立设计实验，"将来在太空再去亲手完成，感觉一定非常奇妙"。

08

为什么要建设空间站?

习近平总书记指出,"建造空间站,是中国航天事业的重要里程碑,将为人类和平利用太空作出开拓性贡献"。

和平利用太空,是中国载人航天工程的重要使命。空间站建成后,将是航天员的"太空之家",也是进行科学研究的"太空实验室"。一流的太空实验平台,将为科学家们取得世界级的重大突破提供有力保障。

空间站资源十分宝贵,经过科学且慎重的遴选,空间站上搭载安装包括生物学、材料科学、基础物理等类别相关的科学研究实验设施。按规划,空间站将在轨运行10年以上。中国空间站在轨运行期间,将面向前沿科学探索、人类生存和太空活动,支持开展大规模的空间科学实验、技术试验和空间应用等活动。

搭载神舟十三号载人飞船的长征二号F遥十三运载火箭在酒泉卫星发射中心点火起飞

具体来说，在人类生存方面，空间站将围绕人类长期太空生存和提高地面生活质量方面开展研究与应用。在太空活动方面，空间站支持开展遥科学技术、在轨组装与维修维护、人机联合作业等应用技术试验验证，增强人类的太空活动能力和在轨服务能力，拓展人类的活动范围。

在空间站中，航天员既是空间站的居民，同时也是被研究对象。从2003年开始，20多年间，中国航天员出色地完成了多次载人飞行任务，同时也有效验证了航天员选拔训练技术以及健康、生活和工作三大驻留保障技术，为未来空间站长期飞行打下了坚实基础，提供了强有力的技术支撑和保障。空间站时代，围绕航天员的科学与技术研究将继续开展。

然而，如果我们把视野放得更远、思考更加深入，就会知道中国空间站的意义显然不止于科学研究，其图景是一幅徐徐展开、波澜壮阔的宏伟画卷！中国空间站的建设，标志着中国人走出地球这一蔚蓝的摇篮，迈向浩瀚的太空，开创了一个"空间文明"的新时代。

"不到长城非好汉"，这是中国人勇于攀登、不达目的决不罢休的励志豪言。中国空间站的建设，是中国再次创造的世界奇迹，是当代太空中的"万里长城"，是地球之上的中国之心。

背景知识——载人航天事业有什么用？

在半个多世纪前，曾有人给美国航空航天局（NASA）写信，她在信中表达了自己的困惑：为什么在地球上还有很多孩子饱受饥饿之苦时，美国却要斥巨资探索太空？

在当时，美国在阿波罗登月计划中投资了数百亿美元。这笔投资即使放在现在也是一笔巨款。

诚然，将重达70吨的空间站组合体送入太空并长期运维，每年还需要发射各种飞船运送航天员和物资上天，开展各种研究开发工作，并不是一件容易的事情，需要投入巨大的人力、物力、财力。但如果算一笔经济账，我们可能会对载人航天工程有一种全新的认识。

在航天技术起步相对较早的美国及欧洲，曾有研究机构采用不同模型，得出这样一项评估结果：航天领域每投入1美元，将会产生7～12美元的回报。如果这项评估结果准确的话，意味着航天事业不仅不烧钱，而且还很赚钱。

在探索太空过程中掌握的科学知识和新技术可以直接推动许多领域的科技进步——液体燃料火箭、微波雷达、无线电制导、计算机、无线通信等。现在，我们身边的很多物品，大到微波炉、数码相机，小到运动鞋里的气垫、尿不湿等，都是航天技术转为民用的成果。记忆海绵枕头、方便面中的脱水食物等，也都与航天技术息息相关。

　　当然，抛去经济效益不谈，载人航天工程同样是一个伟大的事业。

　　航天工程，代表了一个国家在科技和经济领域的实力，是一个国家综合国力的象征。目前，能够真正独立将人类送入太空的国家只有3个，仍在使用的空间站只有中国空间站和国际空间站。中国载人航天工程对中国人民自豪感的提升，对民族精神的凝聚，对中华民族伟大复兴的贡献，无法用任何经济指标来衡量。

酒泉卫星发射中心

人物故事：首位进入太空的中国女航天员

"一弯新月，静静地悬在我的脚下，感觉心一下子就温暖了起来，明亮了起来。"在回忆自己首次执行出舱任务时，航天员刘洋用简单、诗意的话语展现了中国女航天员柔情的魅力。

作为首位进入太空的中国女航天员，刘洋的名字早已家喻户晓，她的故事更有"巾帼不让须眉"的传奇色彩。

神舟九号载人飞船
在酒泉卫星发射中
心升空

刘洋

　　刘洋，1978年10月出生于河南郑州，1997年8月入伍，曾任空军某师某团某飞行大队副大队长，安全飞行1 680小时，被评为空军二级飞行员。

　　少年时的刘洋性格坚韧，学习刻苦，身体素质优秀，这为她未来从事航天事业打下了扎实的基础，飞行员的丰富经历让她离逐梦苍穹更近了一步。

　　2010年5月，刘洋在通过严格的层层选拔后，正式成为中国第二批航天员，也是我国首批女航天员。经过刻苦训练，刘洋出色地完成了8大类一百多个科目的训练任务，并通过航天员专业技术综合考核。2012年6月，刘洋成功执行神舟九号载人飞行任务，距离其成为航天员仅仅过去了两年零一个月的时间。作为一名女性，刘洋在训练中付出的辛苦和努力是常人难以想象的，她是当之无愧的励志典范。

2012年6月16日，神舟九号载人飞船承载着3名航天员进入太空。此次飞行，航天员执行了我国载人航天史上首次手控交会对接任务，3名航天员首次进入天宫一号目标飞行器。刘洋也在这次任务中，成为首位进入太空的中国女航天员。

回顾第一次进入太空的感受，刘洋有着女性特有的感性和细腻的情感。

"虽然我对太空有着无限的遐想，但当我真正进入太空时，还是被眼前这个无法用语言来形容的美震撼了。"

"人在太空中，心会变得特别的宽广，随着身体的失重，有许多东西会变得很轻，很淡，可人的心却不会失重。"刘洋深情地说道，"远离了地球，才更懂得地球家园的可贵；远离了祖国，才更能体会到祖国的重要；远离了亲人，才更知道了亲人的牵挂。"

没有飞行任务时做什么？刘洋的回答很简单——为下一次飞行时刻准备着。刘洋期待着有一天能如愿登上空间站这个"空中大别墅"。功夫不负有心人，在10年的漫长等待之后，2022年6月5日，刘洋乘坐神舟十四号载人飞船，再上太空，成为两次上太空的女航天员。

在神舟十四号载人飞行任务中，刘洋除了执行太空出舱这样的艰巨任务，还"客串"了一把"太空教师"。2022年10月12日，"天宫课堂"第三课在中国空间站开讲，刘洋与神舟十四号飞行乘组另外两位航天员陈冬、蔡旭哲讲授太空科普课。

在刘洋看来，探索宇宙的队伍中，女性的缺失是不完美的，也是不可持续的。她寄语广大女同胞的同时，也是对自己说："珍惜这个伟大的时代，并与时代共同成长进步。将个人的梦想融入国家的利益，坚定信念、相信自己、勇敢前行，愿我们每个人都能实现价值、实现梦想，愿我们每个人都能活成一束光，照亮自己，温暖他人。"

在别人眼中，刘洋是航天女英雄，但她却谦虚地认为自己就是一个普通人。作为女性，她也会在没有任务的时候，将家庭放在第一位，全心全意为家庭付出。在第一次飞行和第二次飞行的空档期，刘洋顺利地生下一儿一女。在这期间，刘洋一直没有放弃学习，还前往清华大学读了硕士和博士，是我国学历最高的航天员之一。

作为中国首位进入太空的女性航天员，刘洋宛若铿锵玫瑰，在太空璀璨绽放。她是时代的天之骄女，凭借无数个日日夜夜的奋斗和坚守，跻身蜚声中外的中国女航天员的光荣榜，刘洋扛起了一个航天员的千钧使命，完成了一个中国女航天员的堪称卓越的壮举，她的努力和付出值得在中国航天史上浓墨重彩地书写。

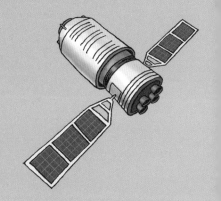

第三章
太空“筑巢”

3

　　除空间站系统外，中国载人航天工程还包括多个系统，这些系统相对独立又相互联系、密切配合，共同为中国空间站的建造与应用保驾护航。比如，把航天员送入空间站离不开载人飞船系统，而将载人飞船发射到太空中又离不开运载火箭系统和发射场系统。航天员在太空中工作生活需要货运飞船系统提供物资和能源补给，与地面沟通需要依靠测控通信系统，返回地球需要着陆场系统的支持，等等。

　　总之，中国载人航天工程的太空"筑巢"事业，正是在这些系统的支持下，才取得了今天的光辉成绩。本章中，我们将了解中国空间站是如何维持运转的。关于中国空间站的更多有趣的知识，将在这一章呈现。

01

天地往返更便捷

神舟飞船：天地往返的"交通工具"

　　神舟飞船是中国最早设计的载人航天器。作为航天员往返中国空间站的"交通工具"，神舟飞船性能稳定，安全可靠，最多可支持3名航天员实现天地往返。截至2024年5月，神舟飞船已经发射18艘，其中载人飞船13艘，将35人次航天员成功送入太空。

　　如果说天舟飞船的发射升空，持有的是单程票，那么航天员乘坐神舟飞船升空，持有的则是天地往返的双程票。神舟飞船除作为天地往返的运输工具外，还承担着"救生船"的使命。航天员在太空中长期工作和生活，可能遇到各种危及生命安全的危险，紧急情况下，航天员可以搭乘神舟飞船马上撤离空间站。

　　在空间站完成驻留任务后，航天员将进入神舟飞船的返回舱。随后，神舟飞船与空间站的核心舱分离，正式开启航天员回家的旅程。返回过程中，神舟飞船的返回舱先后与轨道舱、推进舱分离，然后沿着预先设计的轨道，飞向着陆场。随着技术的进步，返回舱回到地面所需的时间已经缩短至几小时。

神舟飞船返回舱在穿越大气层时，会与空气剧烈摩擦产生高温。此时返回舱舱外温度高达上千摄氏度。从外部观察，返回舱犹如坠入大气层的流星，燃着熊熊烈焰快速冲向大地。然而，我们却不需要担心航天员的安危，返回舱外部的特殊材料会在高温下熔化、升华，从而带走大量热量。尽管外部环境恶劣，但在返回舱内部，航天员整体感觉仍会相对舒适。

在回收着陆阶段，返回舱会自动依次拉开引导伞、减速伞和主降落伞，帮助返回舱减速。返回舱即将抵达地面时，位于舱底部的反推发动机和返回舱的减振系统同时作用，保证舱体平稳着陆。目前，神舟飞船的着陆点已经由内蒙古四子王旗着陆场转移至东风着陆场。东风着陆场面积更大，距离甘肃酒泉卫星发射中心更近，航天员"回家"之路也会更加通畅。

运载火箭：天地往返的"助推器"

长征系列运载火箭是中国自行研制的航天运载器。长征一号运载火箭的研制工作起步于20世纪60年代。1970年4月24日，长征一号运载火箭将东方红一号人造地球卫星成功送入太空，开创了中国航天史的新纪元。将载人飞船送入太空，同样离不开推力强大的运载火箭。

长征二号F运载火箭的研制自1992年开始，1999年11月首次发射成功，将中国第一艘无人试验飞船神舟一号送入太空。2003年10月15日9时整，神舟五号载人飞船在长征二号F运载火箭的推动下腾空而起，开启了中国首次载人航天飞行。截至2024年5月，长征二号F运载火箭已经将18艘神舟飞船送入太空。在我国载人航天工程中，长征七号运载火箭也占有重要地位。目前长征七号运载火箭主要用于发射天舟飞船，其性能稳定可靠，运载能力适中，未来还将继续发挥重要的作用。

天舟二号货运飞船与长征七号遥三运载火箭组合体转运至发射区

长征二号F运载火箭和长征七号运载火箭可以将神舟飞船与天舟飞船送入太空，却无法推动质量更大、体积更大的空间站核心舱和实验舱。推力更大、运载能力更强的长征五号B运载火箭应运而生。

长征五号B运载火箭是在长征五号火箭的基础上研制的一款用于发射近地轨道大型航天器的大型运载火箭，其总长50多米，起飞推力超过1 000吨，能够将25吨级的航天器送入近地轨道，是我国目前近地轨道运载能力最强的运载火箭。2020年5月5日，长征五号B运载火箭首飞成功，将我国新一代载人飞船试验船成功送入预定轨道，而后更是三战三捷，相继将天和核心舱、问天实验舱和梦天实验舱送入太空，为中国空间站事业立下了汗马功劳，它也被大家亲切地称为"胖五"。

当然，并不是运载火箭的运载能力越强就越好。运载火箭的运载能力越强、体积越大，需要消耗的燃料也会越多，造价也会更高。"物尽其用"是最经济的选择，也就是说，运载火箭运送的航天器质量与其运载能力应基本吻合。在未来，随着航天器种类的增多和发射需求的增加，更多种类的运载火箭也将登上舞台。

梦天实验舱与长征五号B遥四运载火箭组合体转运中

发射场：天地往返的"始发站"

　　中国空间站建设过程中，有两个发射场的身影频频出现，分别是文昌航天发射场和酒泉卫星发射中心。空间站的核心舱和实验舱、天舟飞船从文昌航天发射场升空，而神舟飞船的发射地则是酒泉卫星发射中心。

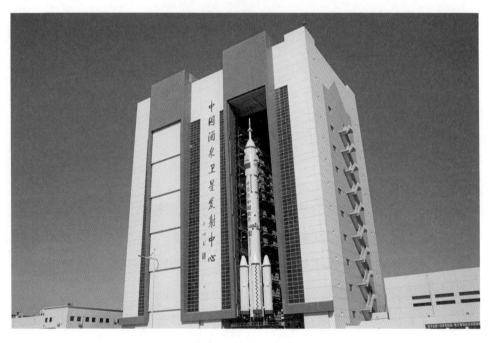

酒泉卫星发射中心

　　酒泉卫星发射中心的历史可以追溯至60多年前，而文昌航天发射场则刚刚落成不久。前者地处中国腹地、大漠深处，后者是我国首个滨海发射基地。同样是发射场，为什么酒泉卫星发射中心和文昌航天发射场所处的地理位置和周边环境如此不同？

文昌航天发射场

　　原来，越靠近赤道的地方，地球自转线速度越大，航天器的初始速度就越大，将航天器送入预定轨道更省力，所消耗的燃料就更少。文昌航天发射场地处低纬度地区，据研究，同样型号的火箭，在文昌航天发射场发射，运载能力可提升10%。除此之外，文昌航天发射场靠近海港，可以通过海运解决火箭和航天器的运输问题。同时，浩渺的大海也能起到和酒泉卫星发射中心周边浩瀚的沙漠一样的作用，让火箭发射后坠落的残骸不易造成意外事故，保证了发射的安全性。

02

曼妙的"太空之舞"

2011年11月3日，一场曼妙的"太空之舞"在距地球343千米的轨道上演。两位"舞者"，是两个航天器——天宫一号目标飞行器和神舟八号无人飞船。12把对接锁准确启动，上千个齿轮和轴承同步工作，天宫与神舟牵手相拥，开始12天的"太空之舞"。至此，中国成为世界上第三个掌握自动空间交会对接技术的国家。

空间交会对接，是指两个航天器实现轨道交会并完成对接的过程。交会对接常被比喻为"万里穿针"，空间交会对接技术十分复杂，风险点多，难度大。但空间交会对接技术是建设空间站必须攻克的技术，只有掌握了这项技术，才能把航天员和物资及设备运到空间站上。"不突破和掌握空间交会对接技术，建设空间实验室、空间站的设想，都只能是空中楼阁。"中国载人航天工程总设计师周建平曾如此形容空间交会对接技术的重要性。

正因为空间交会对接技术难度大，本次对接采用了不载人飞行的方式。神舟八号飞船也是我国自神舟五号载人飞船后，唯一一艘未载人的神舟飞船。

　　我国的空间交会对接技术在实践中快速进步。2012年6月18日下午，在太空飞行的天宫一号迎来首批航天员访客。3位航天员乘坐的神舟九号载人飞船通过自动交会对接技术与天宫一号对接。同年6月24日，从天宫一号脱离的神舟九号，通过手控交会对接技术，再次与天宫一号对接成功。手控交会对接的成功，标志着我国已经全面掌握了空间交会对接技术。

　　随着航天技术的不断发展，我国的空间交会对接技术也在不断进化之中。传统的空间交会对接过程中，飞船依靠的是地面飞行控制人员的控制和引导，对接时间长达2天，不仅增加了航天员的飞行时间，也消耗了大量的飞船推进剂，对接成本很高。目前采用的自主快速交会对接技术，将对接工作交由飞船自主计算、自主判断，简化了地面支持系统，对接时间由原来的几十小时缩短至几小时。

神舟十七号载人飞船与空间站组合体自主快速交会对接（来源：中国载人航天工程办公室）

由无到有，从有到优，我国空间交会对接技术不断突破，在空间交会对接技术的推动下，我国空间站在轨建造阶段圆满完成，我国载人航天事业登上新的台阶。

轴向对接与径向对接

轴向对接，即顺着轨道方向，追踪飞行器在目标飞行器的前端或者后端进行对接。在这种状态下，两个航天器轨道高度相同，共线飞行，控制起来相对简单。

轴向对接示意图（来源：中国载人航天工程办公室）

径向对接，需要追踪飞行器飞到目标飞行器下方并保持竖立状态，从下向上慢慢靠近目标飞行器完成对接。这种对接方式对两个飞行器的控制要求非常高，在对接过程中需要持续对飞行器的姿态和轨道进行调整控制。

径向对接示意图

2021年10月16日，神舟十三号载人飞船与天和核心舱成功进行径向交会对接，为后续空间站载人交会对接任务积累了宝贵的经验。

03

太空"快递小哥"来送货

2022年11月12日10时03分，在文昌航天发射场，搭载天舟五号货运飞船的长征七号遥六运载火箭点火发射，将天舟五号货运飞船送入预定轨道。随后，天舟五号货运飞船与在轨运行的空间站组合体进行自主快速交会对接，中国航天员首次在空间站迎接货运飞船来访。

作为我国载人航天大家族中的一员，天舟飞船很好地解决了空间站建造和发展所面临的太空货物运输问题，是我国载人航天工程中不可或缺的重要一环。

天舟飞船像极了每天穿梭于城市之中为我们运送物资的快递员，因此也被大家亲切地称呼为太空"快递小哥"。

与空间站组合体对接的天舟飞船示意图（来源：中国载人航天工程办公室）

一般来说，天舟飞船的主要功能有如下几项。

一是能源补给。空间站运行需要消耗推进剂，天舟飞船能够为空间站在轨补加推进剂。2017年天舟飞船的首次发射，就承担了对天宫二号空间实验室进行"太空加油"的重要使命。该任务的圆满成功使我国成为世界上第三个掌握推进剂在轨补加技术的国家。

2021年5月，天舟二号货运飞船成功与天和核心舱对接，首次为空间站在轨补加推进剂。截至2024年5月，已经有6艘天舟飞船造访过中国空间站，为中国空间站带来源源不断的动力补给。

除了补充推进剂，天舟飞船还可以"赋能"空间站，即在与空间站对接期间，凭借自身动力系统，配合空间站进行轨道和姿态控制。

二是物资补给。物资补给也是天舟飞船的重要功能之一。在空间站在轨建设完成后，航天员在太空中通常要停留6个月甚至更长的时间，他们日常生活所需物资都要通过天舟飞船运送。例如，天舟七号货运飞船就为航天员带去了服装、食品等生活物资，其中新鲜水果将近90千克。

天舟飞船还会携带各类空间科学实验设备和用品，以支持空间科学实验与技术试验的开展。例如，天舟五号货运飞船专门搭载了"澳门学生科普卫星一号"、宇航用氢氧燃料电池、空间宽能谱高能粒子探测载荷等。

搭载天舟七号货运飞船的长征七号遥八运载火箭在文昌航天发射场点火发射

　　三是垃圾回收。天舟飞船还承担垃圾回收
等功能。空间站中的废弃物可以由天舟飞船打
包带走，节约空间站的空间。这些废弃物会随
天舟飞船一起坠入大气层烧毁。

　　天舟飞船作为非载人的飞行器，还可以承
担一系列的空间任务。如天舟一号货运飞船发
射成功后，与天宫二号空间实验室进行了两次
交会对接试验。该任务的完成标志着我国载人
航天工程"三步走"战略第二步的实现，也将
中国载人航天事业推进至空间站时代。

　　目前，中国空间站进入应用与发展阶段，
天舟飞船作为空间站货物和补给运输平台，将
以每年1~2艘的频度实施发射。展望未来，我
们将看到更多的天舟飞船飞赴苍穹，为中国载人
航天事业贡献力量。

太空"续航"方法多

有趣的"太空加油"

空间站在轨道上运行时，推进剂不断地被消耗，然而空间站自身携带的推进剂十分有限，这就需要天舟飞船及时在轨补充。推进剂在轨补加被形象地称为"太空加油"，与飞机的空中加油相比，"太空加油"距离地面更高、技术更复杂，需要对推进剂补加过程进行长时间的状态监视与控制，任何一个节点出现问题都可能导致严重的后果。

以天舟一号货运飞船与天宫二号空间实验室的"太空加油"为例，该过程大致可分为三个步骤。

第一步，连接管道，准备"加油"。天舟一号与天宫二号通过对接机构上的4个液路浮动断接器开始连通管路。在对接及浮动断接器插合等"加油"前准备工作就绪后，还要对补加管路系统进行检漏，确保补加过程中无泄漏。第二步，

"加油"。通过管路，利用气压差，把推进剂从天舟一号货运飞船输送到天宫二号空间实验室上。第三步，分离。在一次"加油"完成后，为保持管路清洁以便进行后续的多次补加，要对补加管路中残留的推进剂进行吹除，在吹除过程中还要注意不能污染航天器的表面。

神奇的柔性太阳翼

航天员的工作生活和空间科学实验的开展都离不开电能，但在寂寥无垠的太空中，火力发电、水力发电并不现实，这时取之不尽、用之不竭的太阳能就派上了用场。天和核心舱、问天实验舱和梦天实验舱上都安装了巨大的太阳翼，可以将太阳能转化为电能供空间站使用。

天和核心舱的太阳翼，双翼展开面积可达134平方米。而问天实验舱、梦天实验舱均配有大型柔性太阳翼，每个实验舱单侧太阳翼展开面积可达138平方米。三舱太阳翼的展开面积加起来接近700平方米，是空间站的"能量源泉"。

太阳翼示意图（来源：中国载人航天工程办公室）

　　受太阳入射角和空间站飞行姿态的影响，太阳翼的发电效率会因时段不同、姿态不同而产生相应变化。为保障24小时不间断追踪太阳，保持最高状态的发电效率，问天实验舱和梦天实验舱的太阳翼可双自由度同时转动，确保每一缕阳光都能垂直照射在太阳翼上。

　　目前中国空间站核心舱和实验舱上的太阳翼均为柔性太阳翼。与神舟载人飞船的刚性太阳翼、天舟飞船的半刚性太阳翼相比，柔性太阳翼具有展开面积更大、体积更小、功率重量比更高等优势，合拢后的柔性太阳翼只有一本书的厚度，极大地节省了发射空间。

　　相对于刚性太阳翼和半刚性太阳翼只能一次展开，我国空间站上的柔性太阳翼使用了"二次展开"技术。在空间站实验舱发射后的独立飞行阶段，为避免巨大的太阳翼对实验舱的速度、相对位置和飞行姿态的控制精度造成影响，柔性太阳翼可以先展开一部分以获取能源，待对接完成后，再全部展开，为中国空间站带来持续不断的电能。

太阳翼示意图（来源：中国载人航天工程办公室）

"太空漫步"不简单

太空是一个极其美丽，同时又非常危险的地方。这里景色迷人，脚下是蔚蓝色的星球，抬头是浩瀚的宇宙星辰。这里环境异常恶劣，空气稀薄，有着各种危害性极强的宇宙射线和高速飞行的太空垃圾碎片。因此，被称为"太空漫步"的太空出舱活动，其实并不浪漫。在严酷的空间环境中，任何一点儿差错都可能导致出舱活动失败，甚至威胁到航天员的身体健康和生命安全。

为什么要进行出舱活动？

航天员在空间站中可以自由活动，各种复杂的操作，如空间交会对接、"太空加油"等都可以由航天器自主完成，为什么还要航天员出舱承担更多风险呢？

中国空间站设计在轨飞行10年，但空间站上数以万计的组件的寿命是不同的，且随时会因太空恶劣条件的影响而提前"退休"，需要航天员及时地更换和维修。有的空间科学实验需要在太空暴露的环境中进行，必要时航天员需要出舱安装或取回各种实验装置。在特殊的情况下，航天员还需要出舱执行紧急救援等任务。因此，出舱活动是不可避免的事情。

神舟十七号航天员在空间站组合体舱外作业

航天员出舱的保障者

我国是目前国际上能够独立完全掌握舱外航天服设计和研制技术的三个国家之一。

舱外航天服是航天员生命安全的重要保障。中国舱外航天服代号"飞天"，可以帮助航天员抵御来自太空的各种风险。与其说舱外航天服是"服装"，不如说它是一个微型"航天器"。这个"航天器"可以使航天员与外界隔绝，保护航天员不受低温、高温和宇宙辐射的伤害。二代"飞天"舱外航天服头盔的面窗有四层，内层是两层压力面窗，中间充有氮气，可以起到隔热和防结雾的作用，第三层是防护面窗，最外层是滤光面窗，将滤光面窗拉下，可以防止强光射入眼睛。舱外航天服的大背包内装有便携式生命保障系统，具有向航天服内通风、提供氧气等功能，还可以调节航天服内的温度、湿度等。舱外航天服还拥有各类辅助设备，如照明灯、通信设备、控制系统等，可以满足航天员照明、通信和控制方面的需求。

目前二代"飞天"舱外航天服质量高达130千克，但穿脱非常方便，航天员经过训练后5分钟内即可完成穿脱。尽管航天员们的身材特点各不相同，二代"飞天"舱外航天服能够根据航天员的体型进行调整，满足不同航天员的穿着需求。

北京科学中心内展示的"飞天"舱外航天服

航天员出舱的"小帮手"

　　航天员的出舱，并不是"孤军奋战"，除了天地间协同保障、舱内外密切配合，有时也需要借助工具保障工作的顺利开展。

　　在机械臂的帮助下，航天员可以更加安全、快速地扩展工作空间，有效完成更多高难度的空间操作，让出舱过程更加顺利。如神舟十四号航天员执行出舱任务时，空间站的大、小机械臂联手，形成组合机械臂，全力支撑出舱任务顺利实施。大臂加小臂，使组合机械臂的覆盖半径大为扩展，站在天和核心舱的目标适配器上，能够对三舱目标进行操作——这是单臂无法做到的。相较于分别有7个自由度的大、小机械臂，组合臂的自由度达到了14个，工作起来更加灵活。

　　航天员出舱的工具，还包括脚限位器、舱外操作平台等。其中，脚限位器可以帮助航天员更好地固定在舱外工作点上，而舱外操作平台可以用来挂放设备等，为航天员舱外作业提供便利。

机械臂示意图（来源：中国载人航天工程办公室）

人物故事：首位太空漫步的中国航天英雄

　　"我已出舱，感觉良好。"深邃的太空中，一名身着洁白舱外航天服的航天员，徐徐挥舞着五星红旗。历史定格在这个画面上，而那句"我已出舱，感觉良好"，已经成为中国载人航天工程永恒的经典。这名航天员，就是我国首位出舱进行太空漫步的航天英雄——翟志刚。

神舟七号载人飞船在酒泉卫星发射中心升空

翟志刚

翟志刚，生于1966年10月，黑龙江省龙江县人，1985年6月入伍，曾任空军某中心飞行教员，安全飞行950小时，被评为空军一级飞行员。1998年1月，翟志刚正式成为我国首批航天员。

2003年，翟志刚入选神舟五号载人飞行任务备份航天员。2005年6月，翟志刚入选神舟六号载人飞行任务备份乘组。连续两次入选神舟飞船载人飞行任务备份航天员，足以凸显翟志刚的过人之处。

2008年9月25日，神舟七号载人飞船搭乘长征二号F运载火箭顺利升空。此次飞行任务非同一般，这是神舟飞船首次满载3名航天员，航天员还将执行一项特别的任务——出舱活动。在实现了将航天员送入太空之后，出舱活动是我国载人航天工程又一项亟待突破的技术。

翟志刚完成出舱活动，迈出了中国人太空行走的第一步

　　这一次，翟志刚成为神舟七号载人飞行任务的指令长，并将首次执行出舱活动任务。

　　出舱活动难度很大。首先，需要克服舱外恶劣的宇宙环境。尽管航天员有舱外航天服的保护，但脱离了航天器后，各种意想不到的危险，任何一个微小的失误，都可能造成无可挽回的损失。其次，出舱活动对航天员的心理、生理的要求也极高。心理素质不好，头脑不够灵活，体力跟不上，都无法执行这样的任务。更艰难的是，翟志刚执行的是我国航天员的首次出舱活动任务，没有任何经验可供参考。

　　尽管困难重重、危险四伏，但翟志刚解决了各种问题，出色地完成了此次出舱活动任务。我们在屏幕上看到的翟志刚淡定自若，在太空中闲庭信步，特别是那句"感觉良好"，鼓舞了无数中国人。然而，这句"感觉良好"的背后，还有许多小插曲。

在准备出舱时，翟志刚就遇到了舱门难以开启的问题。翟志刚穿着厚厚的舱外航天服，用尽全身的力气拉着舱门，舱门却依然紧闭。紧急关头，在刘伯明的协助下，翟志刚用工具将舱门撬开一条小缝后奋力一拉，出舱活动之路终于畅通了。然而，此时新的问题又出现了，轨道舱的火灾警报突然响了起来。好在只是虚惊一场，经检查确认，火灾警报为仪表误报，轨道舱并没有起火。

就这样，翟志刚在各种小插曲的"伴奏"下，以极强的心理素质、高超的技术完成了出舱活动。翟志刚以自己的一小步，迈开了中国人探索太空的历史性一大步——中国从此成为世界上第三个独立掌握空间出舱技术的国家。

2008年11月，执行任务成功归来的翟志刚，被中共中央、国务院、中央军委授予"航天英雄"荣誉称号，并获"航天功勋奖章"。

在首次执行太空出舱任务后，翟志刚还执行过神舟十三号载人飞行任务并担任指令长。2021年11月7日，翟志刚在时隔13年后，又一次出色地完成了出舱活动任务。

翟志刚勤学苦练，凭借坚强的意志、乐观的精神、过硬的本领成为中国航天英雄，名载中国航天史册。

06

太空中的"空调"

2021 年 8 月 20 日，神舟十二号乘组两名航天员聂海胜、刘伯明，在舱内航天员汤洪波的配合下成功出舱。这是神舟十二号乘组第二次出舱，此次他们要完成的重要任务之一，就是安装热控系统扩展泵组。

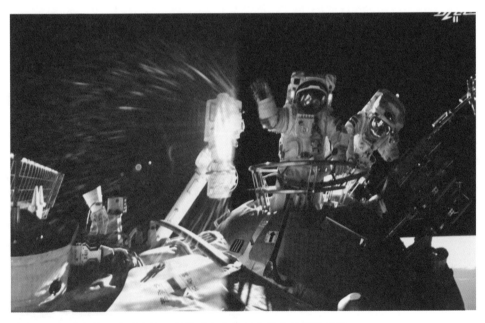

神舟十二号乘组航天员聂海胜、刘伯明在出舱任务结束后挥手示意

热控系统扩展泵组是什么装置？为什么需要航天员出舱安装？

在太空中，由于没有大气层的保护，航天器在不同区域运行时，表面温度差高达250摄氏度。空间站处于这样的环境中，必须有一套良好的"中央空调"系统，及时地对空间站的温度进行调节，以保障设备的正常运转和航天员的正常工作与生活。这套"中央空调"系统就是空间站的热控系统。

在我国空间站的舱体上，遍布着流体回路。这是空间站热控系统的核心之一，它们均匀地包裹着空间站的重要部位，并通过管路中液体的循环，给冷的地方加热，给热的地方散热，实现空间站温度的调节与控制，让空间站内始终保持适宜的温度。

热控回路泵，堪称流体回路的心脏。通过热控回路泵，管路内的液体得以不断地循环流动，保障了整个流体回路系统的稳定运转。热控回路泵长期高速运转，寿命有限，必须做到可修可换。在空间站外壁上安装的扩展泵组和舱内的循环泵为空间站的热控系统提供"双保险"。一旦舱内的循环泵出现故障，舱外的扩展泵组可以随时接替工作，保证空间站的正常运行。

空间站的温度控制，不仅仅依靠流体回路这一主动热控系统，被动热控系统也为空间站的稳定运行提供了重要支撑。空间站舱壁外侧的隔热材料和涂层是被动热控系统的重要组成部分，它们能够最大限度地减少舱外温度变化对舱内的影响，与流体回路一起为空间站保驾护航。

07

飞行控制更平稳

　　此时此刻，在浩瀚无垠的太空中，天宫空间站正在平稳运行。翱翔于太空之中的天宫空间站，在地面上还有一个"孪生兄弟"，那就是研究人员利用数字技术建造的虚拟空间站——数字空间站。地面支持人员可以通过数字空间站监控天宫空间站的实时数据，并开展在轨状态预测和趋势评估；还可以对空间站任务进行仿真模拟，待模拟结果合格以后，再由航天员执行。在数字空间站的支持下，我国空间站的飞行控制更加稳妥。

模拟动画中的机械臂（来源：中国载人航天工程办公室）

虽然空间站内只有3名航天员入驻，但在地面上有一支庞大的支持团队，时时刻刻关注空间站的运行状态。地面支持人员通过测控通信系统，收集空间站的运行数据，了解空间站的运行状态，并向空间站下达各种工作指令。在突发紧急状况的时候，地面支持人员能够快速向航天员提供最优解决方案，并代替航天员完成各种操作，是航天员的"最强大脑"和肢体延伸。他们不计名利、默默奉献，用自己的行动诠释着航天精神；他们一丝不苟、扎实工作，经受住了复杂任务的层层考验。正是有了他们的守护，我们的航天员才可以在空间站中安全、健康、快乐地工作和生活。

在北京航天飞行控制中心，工作人员在紧张工作

人物故事：四上太空，追逐梦想无止境

　　2023年5月29日，神舟十六号3名航天员亮相酒泉卫星发射中心。在他们当中，有一个熟悉的身影引起了大家的关注。他就是景海鹏。此前，景海鹏已经三次翱翔太空，创下中国航天员的飞天纪录。而这次，作为神舟十六号的指令长，景海鹏将带领第一支由航天驾驶员、航天飞行工程师和载荷专家组成的任务乘组，执行中国载人航天工程进入空间站应用与发展新阶段后的首次载人飞行任务，并再次刷新自己的飞天纪录，成为四上太空的英雄航天员。

神舟十六号载人飞船与长征二号F遥十六
运载火箭组合体转运至发射区

景海鹏

　　景海鹏，籍贯山西运城，1966年10月出生，1985年6月入伍。他曾任空军某师某团司令部领航主任，被评为空军一级飞行员。1998年1月，景海鹏通过层层考验，正式成为我国首批航天员。

　　景海鹏的四次太空之旅，每一次意义都非同一般。2008年9月，景海鹏作为神舟七号乘组航天员首入太空，并在舱内见证了翟志刚的首次太空漫步壮举。这次飞行任务中，神舟系列载人飞船首次满载3名航天员。

　　2012年6月16日，景海鹏作为指令长，乘坐神舟九号载人飞船成功进入太空。此次飞行，景海鹏与刘旺、刘洋一起，圆满完成了首次手控交会对接任务，并成功入驻天宫一号目标飞行器，实现了中国载人航天工程的又一次重大突破。

2016年10月17日，景海鹏再次作为指令长，乘坐神舟十一号载人飞船顺利进入太空，完成了我国第六次载人飞行任务。经过两天的飞行，神舟十一号载人飞船与天宫二号空间实验室成功对接，景海鹏与陈冬成功入驻天宫二号空间实验室。此次飞行任务中，景海鹏与陈冬创造了一个中国航天新纪录——在轨33天，这是当时我国持续时间最长的一次载人飞行。

三次太空遨游，景海鹏荣誉满身。2008年，景海鹏被中共中央、国务院、中央军委授予"英雄航天员"荣誉称号，并颁发"航天功勋奖章"；2012年被中共中央、国务院、中央军委授予"二级航天功勋奖章"；2016年12月被中共中央、国务院、中央军委授予"一级航天功勋奖章"；2017年被中央军委授予"八一勋章"；2018年12月被中共中央、国务院授予"改革先锋"称号，并颁授"改革先锋"奖章；2021年当选全国敬业奉献模范……一枚枚勋章、一个个荣誉称号，记录的都是景海鹏一次次对飞天梦想的追逐。

2017年，作为党的十九大代表，景海鹏被记者提问：您还打算上太空吗？

"我真的十分渴望再上一次太空，再当一回先锋，再打一次胜仗，让浩瀚太空再次见证一名航天战士对党和人民的绝对忠诚、无限忠诚！"景海鹏慨然回答。

我国载人航天工程发展可谓一日千里，对航天员的要求也越来越高。如今，第二批航天员已经成为主力军，第三批航天员开始登上航天舞台，第四批航天员的选拔工作也已经结束。特别是在中国载人航天工程进入空间站应用与发展新阶段后，飞行乘组增加了航天飞行工程师和载荷专家两种类型的航天员。作为首批航天员，已经三次执行任务的景海鹏还有机会吗？

景海鹏在当时并不知道答案，但他并没有放弃努力。自神舟十一号载人飞船归来到2023年，已经过去了7年。7年间，景海鹏依然保持着学习和锻炼的习惯。据报道，他每天依然坚持做600个俯卧撑、600个仰卧起坐、上千次跳绳，而多达几十本的飞行手册和操作指南、成千上万条指令都已烂熟于心。

7年的坚持、7年的等待，终于结出硕果。2023年5月30日，景海鹏最终作为唯一的航天驾驶员，带领两位"新生代"航天员进入空间站。四上太空，景海鹏凭借的是坚定的意志，健壮的体魄，灵活清楚的头脑，更为重要的，是他几十年如一日的坚持。作为一名航天员，一上太空，足以自豪；二上太空，更是非凡；三上太空，已是奇迹；四上太空，纪录再创新高。景海鹏不断超越，不断创造，书写着中国航天员"九天揽月"的壮志豪情。

第四章
忙碌又精彩的空间站生活

4

　　中国空间站是集现代科技之大成的"科技之家"，也是明亮舒适的"温馨之家"。中国空间站通过精心的色彩搭配、巧妙的收纳布局、合理的分区设计和智能化系统的建设，为航天员营造了一个既舒适又便利的工作和生活环境。空间站还为航天员配置了饮水就餐、个人卫生、医学检查与监测、在轨锻炼等设施，充分彰显了我国空间站工程以人为本的设计理念。那么，航天员在空间站的一天是如何度过的呢？他们在太空中需要做哪些"家务"？又如何在太空中洗漱、上厕所、健身和睡觉？接下来，就让我们一起跟随航天员的脚步，进驻中国空间站，体验空间站上的工作和生活。

01

舒适的居住环境

天宫空间站舱内以白色作为主色调，固定在舱壁上的扶手、绳带以及舱内标识等，大多采用醒目的蓝色。这种色彩搭配不仅使空间站舱内看起来更加整洁明亮，还使得舱内的各种设施和设备更加易于辨识。

空间站的收纳设计也颇具匠心。空间站采用了嵌入式设计，各种仪器设备被巧妙地嵌入机柜中，而机柜又整体嵌入空间站的舱体中。航天员在使用这些设备时，只需简单地打开柜门或将机柜像抽屉一样拉开，就能轻松操作。这种设计不仅方便了航天员的工作，也提高了空间站内部的空间利用率。其他零散物资则被放进整齐摆放的收纳包里。航天员需要某件物品时，通过空间站的"物资大管家"——物资信息管理系统便能获取物品的数量、位置等信息。物资信息管理系统还能实时更新物资的数量、状态、位置等信息，方便太空"快递小哥"来"补货"，让航天员没有后顾之忧。

舱壁上的扶手和绳带可以帮助航天员在失重状态下保持身体稳定，从而能够安全、高效地完成各种任务。

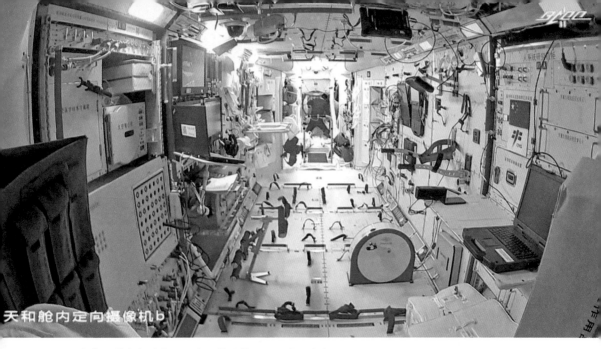

天和核心舱内部（来源：中国载人航天工程办公室）

　　空间站的分区设计充分考虑了航天员的居住需求和工作习惯，体现了人文关怀和先进性。以天和核心舱为例，睡眠区远离设备密集的大柱段，以减少噪声对航天员睡眠的干扰。卫生区毗邻睡眠区，方便航天员的日常起居。餐饮区配备了冰箱、微波炉、饮水机等家电，让航天员在太空中也能吃上可口的饭菜。储物区则设在与天舟飞船的连接处，使整个空间站的物资管理更加有序。

　　舒适的居住环境同样离不开智能技术。空间站实现了Wi-Fi全"屋"覆盖。平时，航天员戴着骨传导耳机，可以在不同舱段内相互通话，还可以在任意位置与地面进行天地通话。工作之余，航天员还可以享受网络生活。空间站还引入了智能家居系统。例如，空间站的照明系统能够模拟地面光照变化以减少航天员太空生活的不适感；遍布空间站的各类传感系统和监控系统则可以让航天员实时了解空间站的运行状态，确保温度、压力、氧气浓度等指标保持在合理水平；等等。航天员可以通过手中的智能终端调节空间站的照明模式、控制各类家电等，极大地提升了航天员工作和生活的便利性和舒适性。

天和核心舱功能分区

02

井井有条的太空生活

2021年6月17日，航天员聂海胜、刘伯明、汤洪波先后进入天和核心舱，标志着中国人首次进入自己的空间站。2024年4月25日，神舟十八号升空，空间站迎来了第七批"住户"。从初进太空"家门"的略微紧张与兴奋，到如今

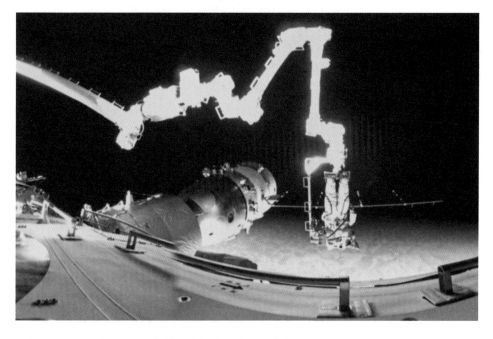

神舟十七号航天员在空间站机械臂的辅助下进行舱外作业

的熟悉和惬意，航天员们对空间站的居住环境越来越适应，也越来越习惯于繁忙而又精彩的太空生活。

开展空间科学实验和技术试验，是航天员太空生活的重要内容。中国空间站共部署了十多个科学实验柜，每个实验柜都相当于一个小型太空实验室，可以支持一个或多个方向的空间科学与应用研究。2022年1月8日，历时约2小时，神舟十三号航天员乘组在地面科技人员的密切协同下，在核心舱内采取手控遥操作方式，圆满完成了天舟二号货运飞船与空间站组合体交会对接试验。对载人航天技术的验证，也是航天员需要完成的工作之一。

利用太空失重环境和空间资源开展太空科普教育，是航天员的科学任务，也是他们传递梦想的行动。2021年12月9日，神舟十三号航天员乘组进行的"天宫课堂"太空授课就是一次生动的科普教育活动。在约60分钟的授课中，航天员们生动介绍展示了空间站工作生活场景，演示了微重力环境下的神奇物理现象，并讲解了实验背后的科学原理。

和在地面上生活一样，在"太空之家"中，航天员们每个人都要"做家务"，担负相应的生活照料工作。

航天员的"家务"之一，是整理物资。航天员进驻空间站后，需要对舱内物资进行归类、整

手控遥操作是由航天员在轨利用手动技术对飞船进行遥控操作，控制货运飞船与空间站进行交会对接，是专门为无人来访飞行器配备的功能。

空间站内的物资（来源：中国载人航天工程办公室）

理和转移，营造整洁舒适的环境，以便开展后续工作。整理物资后，航天员还会进行大扫除，利用吸尘器等工具，将灰尘和残渣收集处理，以保证空间站环境卫生与航天员在轨工作生活安全。

做饭则是航天员的另一项重要"家务"。随着技术的发展，空间站内的食物种类越来越多，营养也更加丰富。航天员经过简单加工，便能吃上美味营养的饭菜。

在空间站工作生活，难免会产生垃圾，航天员也需要对垃圾进行分类处理。为了防止垃圾滋生细菌污染整个空间站，空间站上的垃圾处理有着严格的流程和方法。例如，厨余垃圾处理时要加防腐剂，纸巾、塑料袋等普通垃圾可以抽真空压缩以减小体积，方便下一步的处理。

03

美味营养的航天食品

在太空微重力环境中，人体会发生一些变化，如骨密度降低、肌肉萎缩等。在这种情况下，航天员的饮食必须提供足够的营养，以维持身体的正常代谢和生理功能。因此，合理的饮食结构和均衡的营养摄入对于航天员来说至关重要。

在太空探索的早期，由于技术和环境条件的限制，航天员的食物比较简单。多数食物被做成流食或糊状，并被巧妙地封装在塑料袋或软管中。这种设计方便航天员携带和食用，在这样的条件下，航天员的吃饭过程就像是"挤牙膏"的过程。

为了提升航天员的用餐体验，航天脱水复水食品应运而生，为航天员提供了更为便捷和丰富的饮食。这类食物在进入太空前需经冷冻干燥脱去水分，食用时只需向其中加入适量的水进行软化，即可恢复原有的口感。

随着科技的不断进步，航天食品的品种和加

我们日常生活中常见的方便面便是脱水复水技术应用的一个典型案例。制作面饼和蔬菜调料包都用到了脱水技术，脱水后的食材既方便携带又易于保存。

工工艺也有了新的发展。2003年，杨利伟乘坐神舟五号载人飞船完成了中国人首入太空的壮举，当时跟随神舟五号进入太空的航天食品主要是即食食品。现如今，中国空间站内的航天食品种类已达一百多种，主食、副食、饮品、调味品等应有尽有。在菜品制作和口味选择上，中国空间站的航天食品有着鲜明的中国特色，鱼香肉丝、宫保鸡丁、黑椒牛柳、香辣羊肉……各种中国家常美食登上菜单，逢年过节，航天员还能吃到一些中国传统食物，如饺子、粽子等。空间站里还有冰箱，保鲜技术很好，航天员能吃到苹果、香蕉等多种水果。在太空"快递小哥"——天舟飞船的帮助下，即使航天员在太空出差6个月，也能做到在相当长的时间内饮食不重样。

航天员来自祖国各地，他们的口味各不相同。为了满足他们的需求，一些符合航天员个人饮食爱好的食品也出现在菜单中。例如年夜饭的饺子，地面工作人员依照航天员的不同口味，准备了猪肉白菜馅、鲅鱼馅和黄花菜馅。

从冷餐到热食，从常规食物到定制食品，航天食品的营养越来越丰富，航天员也越来越有口福。目前从地面带到太空中的食物，

"逐梦寰宇问苍穹——中国载人航天工程30年成就展"展出的太空食品

"逐梦寰宇问苍穹——中国载人航天工程30年成就展"展出的太空食品——马蹄滑虾球

"逐梦寰宇问苍穹——中国载人航天工程30年成就展"展出的太空食品——酱油炒饭

地面上的工作人员为航天员准备了美味的食品（来源：中国载人航天工程办公室）

大多是成品或半成品。为了改善航天员的生活，也会有一些新鲜食物供应。新鲜的食物中富含维生素和纤维素等营养物质，有助于航天员保持良好的身体状态。如今，航天员已经尝试在空间站内自己种植蔬菜，这种自给自足的方式不仅可以为航天员补充新鲜食物，还可以让航天员亲手收获自己的劳动成果，增添太空生活的乐趣。未来，人类还要尝试飞往宇宙深处，物资补给难度变大。航天员自己动手劳动，不仅能够减轻资源补给的压力，而且能吃到新鲜的水果和蔬菜。到那时，天地间饮食的差距，也许真有可能完全消失。

知识链接

神舟十七号乘组的年夜饭

2024年2月9日，在远离地球的太空之中，神舟十七号乘组迎来了一个特殊的除夕。在这个团圆的日子里，航天员们的年夜饭显得格外丰盛。

航天员们的年夜饭，除了传统的水饺，还有桂花芝士年糕、糯米八宝饭、八珍鸡、老汤牛肉、熏鱼、酱鹿肉、腊笋烧肉、松仁玉米、油焖笋、海藻沙拉、糯米莲藕、翡翠白玉汤、紫菜蛋花汤、西红柿鸡蛋汤、苹果胡萝卜汁、即食肉干、果冻果脯等。品种丰富、营养均衡的年夜饭，让神舟十七号航天员们感受到了家的温暖和祖国的关爱。

04

太空饮水不简单

空间站内的水资源十分宝贵，航天员的日常生活离不开水，每一滴水都需要得到充分的利用。

把水送入太空的成本相当高，货运飞船定期补充的"远水"显然解不了航天员的"近渴"。在水资源严重受限的情况下，如何解决航天员的用水问题？这就不得不说到空间站中航天员的生命"保护伞"——环境控制与生命保障系统。

中国空间站的环境控制与生命保障系统包括水处理子系统、尿处理子系统、电解制氧子系统、二氧化碳还原子系统、二氧化碳去除子系统、微量有害气体去除子系统等。该系统可以将航天员呼出的水分和二氧化碳、排出的汗液和尿液等转化为航天员可在轨利用的水。

在尿处理子系统中，航天员排出的尿液经过一系列复杂的处理后变成蒸馏水。由尿液转化得到的蒸馏水和空间站中的冷凝水，会在水处理子系统进行深度净化，最终得到的再生水完全可以达到饮用标准。

　　空间站内的再生水可以用于航天员的生活和电解制氧。通过电解技术，再生水被转化为氧气和氢气，为空间站提供了源源不断的氧气资源。同时，在二氧化碳还原子系统内，二氧化碳与电解水产生的氢气反应又可以生成水，实现了二氧化碳的减排和水的循环利用。

　　这套环境控制与生命保障系统的处理转换效率极高，空间站上超过90%的用水都是通过这一系统循环再生而来。这大大降低了太空探索中水资源的消耗，也减轻了货运飞船的负担。这套系统的成功应用不仅展示了我国在航天科技领域的创新实力，也为人类未来的太空探索提供了宝贵的经验和技术支持。

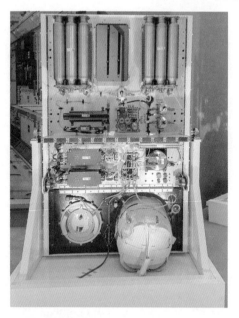

"逐梦寰宇问苍穹——中国载人航天工程30年成就展"展出的空间站水处理装置

"逐梦寰宇问苍穹——中国载人航天工程30年成就展"展出的空间站电解制氧装置

人物故事：两上太空终圆出舱梦

"哇，这外边太漂亮了！老亮了！"2021年7月4日，当神舟十二号航天员刘伯明打开天和核心舱节点舱出舱口舱门进行出舱活动时，情不自禁地发出这样的赞叹。事后，刘伯明回忆这次经历时表示，出舱的瞬间被眼前的景色震撼到了，突然之间东北话就冒出来了。

此次出舱任务中，出舱的刘伯明和汤洪波与留守舱内的聂海胜密切协同，经过约7小时的出舱活动，刘伯明和汤洪波安全返回天和核心舱，标志着中国空间站阶段航天员首次出舱活动取得圆满成功。

神舟十二号载人飞船与长征二号F遥十二运载火箭组合体已转运至发射区

刘伯明

　　刘伯明出生于1966年9月，籍贯黑龙江伊安。1985年，空军来到他的学校招飞。刘伯明抓住了这难得的机遇，成为一名飞行员。他的心理素质出色，有一次，在飞行中遇到险情，他凭借自己冷静、勇敢的操作，最终让飞机安全降落。

　　1998年，刘伯明正式成为我国第一批航天员。2005年，刘伯明入选神舟六号载人飞行任务备份乘组。2008年9月25日，神舟七号载人飞船发射成功，刘伯明与翟志刚、景海鹏最终圆梦苍穹。

　　神舟七号载人飞船可搭载3名航天员，这是我国航天飞行任务中首次实现"满员"太空飞行。更重要的是，此次飞行任务中航天员要完成一次壮举——中国人首次出舱活动。

　　出舱活动任务需要在3名航天员的协同配合下完成。具体执行出舱活动任务的航天员是神舟七号载人飞船指令长翟志刚，景海鹏留守舱内监控飞船的运行，刘伯明则承担协助翟志刚出舱的工作，虽然自己不出舱，但也要穿上厚重的舱外航天服。

　　神舟七号载人飞船在轨飞行的时间只有3天，出舱时机可谓转瞬即逝。2008年9月27日，身着舱外航天服的翟志刚、刘伯明，在准备打开神舟七号舱门时，却遭遇了舱门无法打开的危机。好不容易打开舱门，飞船舱内却突然响起了尖锐的语音警报："轨道舱火灾！轨道舱火灾！"

　　对于载人飞行任务而言，火灾无疑是最严重的险情之一。它不仅会无情地摧毁舱内宝贵的元器件，更会在封闭环境中迅速消耗有限的氧气，置航天员于十分危险的境地。而且，在失重的太空中灭火更是一项艰难的挑战。

　　此刻，飞船的舱门已经打开，翟志刚和刘伯明面临着两难的抉择：是不顾火灾警报继续执行出舱任务，还是停下来先处理火情。在这千钧一发之际，翟志刚和刘伯明表现出了超乎常人的冷静，他们作出了正确的判断。

　　接着，就是那个载入中国航天史册的一幕——一面鲜艳的五星红旗在翟志刚的挥舞下，在太空中飘扬。中国人实现首次出舱活动，中国成为世界上第三个独立掌握空间出舱技术的国家。

　　好在后来发现，火灾警报只是虚惊一场，但翟志刚、刘伯明的选择依然让人动容。

　　在神舟七号载人飞行任务中，刘伯明没能实现太空漫步。他一直有一个梦想，那就是站在机械臂上完成出舱活动任务。2021年6月17日，神舟十二号载人飞船成功升空，刘伯明也迎来了自己的第二次太空飞行任务。这次飞行任务，刘伯明不仅与队友一同进入天和核心舱，成为首批入驻中国空间站的航天员，还如愿以偿地踏上了中国自主研制的机械臂。他也成为第一个站上中国人自主研制的机械臂的中国航天员。

05

舒舒服服睡个觉

　　睡眠对于人体健康至关重要，它是人类消除身体疲劳的主要方式之一，除此之外，睡眠还能起到巩固记忆、增强免疫力的作用，对于航天员来说更是如此。

　　尽管空间站上的空间有限，但我国空间站依然坚持以人为本的设计原则，设立了独立的睡眠区，确保航天员能够享受相对高质量的睡眠。目前，中国空间站上有6个睡眠区，可以满足轮换期间6名航天员的睡眠需求。其中，天和核心舱设有3个睡眠区，问天实验舱设有3个睡

天和核心舱睡眠区、卫生区和锻炼区（来源：中国载人航天工程办公室）

眠区。在非轮换阶段，航天员主要在天和核心舱休息。

　　天和核心舱的睡眠区位于核心舱的小柱段，这里使用了特殊的隔音材料及吸声材料，隔音效果出色，噪声干扰相对较小。每个睡眠区都设有折叠门，为航天员营造了一个相对独立和私密的休息空间。航天员可以在睡眠区内进行一些简单的个性化布置，比如贴上一张家人的照片、放上自己喜欢的小物品等。睡眠区还配有舷窗，让航天员在休息之余能够远眺地球家园和欣赏宇宙之美。目前空间站中航天员的作息时间与地面同步，针对中国空间站24小时要经历16次日出日落的特殊情况，舱内的情景照明系统可以定时调节灯光，帮助航天员调整生物钟，确保他们能够在合适的环境中工作和休息。

　　通常来说，航天员在太空中的睡眠时间相对固定，一般为7~8小时。据神舟十二号航天员刘伯明介绍，他每天睡觉之前的时间会用来听音乐、写笔记。在空间站上，航天员也会做梦，刘伯明就曾经梦到了外星人。

天和核心舱睡眠区（来源：中国载人航天工程办公室）

从空间站俯瞰地球（来源：刘洋/中国载人航天工程办公室）

　　航天员的"床"，其实就是固定在睡眠区的睡袋。在这里休息，航天员不会四处飘浮，更不用担心撞到仪器设备而对自身或空间站造成损伤。在太空中睡觉时，航天员呼出的二氧化碳不会自动飘散，而是积聚在口鼻处，时间久了，可能导致航天员缺氧。因此，睡眠区还装有通风装置，用来驱动空气，防止睡眠区二氧化碳浓度升高。

　　空间站中还可以搭建临时睡眠区，就是把睡袋挂在空间站的舱壁上，类似我们平时说的"打地铺"。不过相比之下，还是睡眠区的环境更好。毕竟在一个相对独立、舒适的环境中，航天员的睡眠质量会更高，醒来以后，也能以更加饱满的精神状态投入工作中。

在空间站，航天员无论是站着睡、躺着睡，还是把自己挂在"天花板"上睡，其实都没有区别。

06

个人卫生有讲究

在空间站的微重力环境中，水不会像在地球上那样自然流下，而是形成飘浮的水珠。在这种环境下，航天员是如何保持个人卫生的呢？

航天员每天都会洗脸、刷牙。通常情况下，他们会用免洗湿纸巾来擦拭脸部，从而达到清洁的效果。航天员使用的牙膏是可食用的。刷牙时，他们将牙膏挤在牙刷上刷牙，之后吸入水漱口，与在地面不同的是，漱口后他们要把牙膏沫直接吞下。

在空间站洗头，则有一款"神器"——免冲洗头罩。这款免冲洗头罩具有弹性收口，能够完美地包裹住头发。洗头的整个流程也相当简单：首先，将装有洗发液的头罩套在头发上并进行揉搓，揉搓完取下扔掉；接着，取一个含有清水的头罩，再次套在头发上进行揉搓，揉搓完取下扔掉；最后，套上一个干的头罩进行揉搓，头发干后取下头罩扔掉。这样，头发就洗好了。航天员也可以直接将洗发液挤到头发上，揉搓后将清水挤到头发上清洗头发，然后用洗发手套吸干头发上的水分，最后戴上干发帽，等待头发变干。

　　航天员在空间站中要生活6个月之久，理发是避免不了的。在空间站中理发，微重力环境会让剪下来的碎发飘得到处都是，如果不及时收集清理，碎发可能会掉落在一些精密仪器的缝隙中导致故障，对空间站造成损伤，也可能被航天员不小心吸入体内，危及生命。航天员理发的过程相对复杂，需要几名航天员共同配合操作。理发时，航天员还要用到特殊的理发装置——吸尘式理发器。该装置的特点是推发器通过软管与残渣收集器相连，可以及时将剪下的头发吸入残渣收集器，避免了碎发四处飘的问题。

　　"吃喝"有保障的情况下，航天员的"拉撒"问题也不能忽视。我国空间站的天和核心舱和问天实验舱各设有一个卫生区，日常供3名航天员使用绰绰有余。卫生区的太空马桶在设计上充分考虑了男女航天员的不同生理特点，在风机的作用下能够克服微重力影响，完成对排泄物的收集。太空马桶收集到的尿液要进行处理回收水分，大便则要进行防腐处理，并进行减容封装。这样一来，便解决了排泄物细菌滋生和长期贮存的难题，航天员的居住体验也会更加舒适。

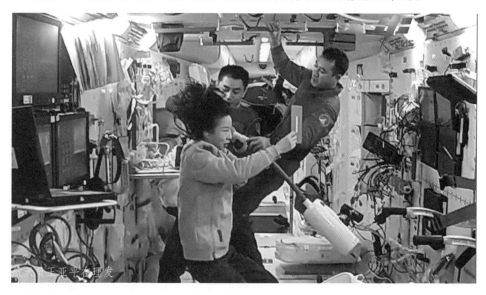
航天员王亚平在理发

07

"天宫"花式健身

　　航天员在空间站中的驻留时间长达几个月，为了更好地适应长期在轨工作和生活，他们也会开展日常健身活动以对抗失重带来的影响，保障身体健康。

　　我国空间站的健身设备主要由"三大三小"组成。"三大"指太空自行车功量计、太空跑台和抗阻锻炼装置，"三小"指拉力器、握力器和呼吸肌锻炼器。

　　太空自行车功量计，俗称太空自行车，位于天和核心舱内。其外形类似于健身房的动感单车，但是没有车座，航天员将双脚固定在脚踏板上，双手扶好固定在舱壁上的"车把"，就可以通过骑自行车的方式进行锻炼了。太空自行车利用电磁力或者其他方式增加阻力，并且具有不同的档位，能够起到刺激航天员的心率阈值，增加航天员心血管的调节能力的作用。

　　太空跑台的外形与地面上的跑步机非常相似。由于处于微重力环境，航天员在太空跑台上

除了用腿蹬车，太空自行车还可以用手操作。神舟十三号航天员王亚平就曾经演示了一下"手摇自行车"。她将双脚蹬在舱壁上，双手握住太空自行车的脚踏板并用力旋转，从而实现了锻炼上肢的目的。

跑步会比在地面上跑步更加轻松。为此，太空跑台专门增加了重力模拟装置，通过弹性束缚带和专用马甲施加一定的压力，将航天员束缚在跑台上。如此一来，航天员就相当于在正常重力环境下运动，可以有效锻炼骨骼肌，压迫骨骼，刺激骨骼重建。在航天员运动过程中，太空跑台的隔振设计可以使跑台保持自身的相对稳定，且不影响空间站上其他设备的运行。

抗阻锻炼装置设在梦天实验舱，类似于地面上的划船机，可以帮助航天员进行深蹲、硬拉等力量训练，锻炼肌肉力量，改善肌肉萎缩等问题。使用时，航天员还是需要将自己"绑"在设备上，以防止锻炼过程中用力过猛而飘走。

太空跑台

"三小"健身设备对于航天员来说同样不可或缺。其中，拉力器类似于地面上健身常用的弹力带。通过对抗拉力器的弹性，航天员可以锻炼肌肉力量。握力器对于提升航天员的手部力量大有帮助。呼吸肌锻炼器则有助于航天员强化心肺功能。

除了利用"三大三小"健身设备健身，航天员们还会在太空中探索其他健身方式，"国粹""国球"都被搬到了太空中，打太极拳已经成为我国航天员的保留项目，而太空打乒乓球也深受航天员的喜爱。

每天在空间站中进行锻炼，是航天员的任务之一。科学的锻炼，可以有效减轻失重环境对航天员的心血管功能、肌肉和骨骼等的影响，使航天员能够以良好的状态在轨工作和生活。

08

航天员的健康保障

自中国载人航天工程进入空间站时代以来，我国航天员驻留太空的时间明显增长。长期处于失重状态、在密闭空间工作和生活的航天员，在生理和心理上都会发生一些变化。如在生理上，可能会出现心血管功能紊乱、肌肉萎缩、骨质疏松等问题；在心理上，可能会出现注意力下降、失眠和认知紊乱等问题。一些小意外，还可能导致航天员划伤、撞伤、扭伤，甚至骨折。空间站上没有医生，更没有医院，当航天员出现以上问题时，应该如何救治呢？

我国载人航天工程充分重视航天员健康，有一套完善的医疗监护体系，为航天员提供医疗保障。空间站天和核心舱安装了很多监测航天员身体状况的医学监测设备，可以监测航天员的生理健康状态、睡眠状态等，相关指标会发送给地面，供地面医疗人员实时掌握航天员的身体状态。航天员都受过急救训练，具备一定的医学技能，可以相互协助进行采血、超声检查和眼底检查等操作。对于一些突发情况，如外伤、骨折等，航天员可以在轨开展紧急救治，也能与地面连线寻求医疗指导。

神奇五官镜

在空间站上，有一款用于航天员外科检查的"秘密武器"——五官镜。该设备可以通过连接不同的外接装置，对航天员的五官和皮肤进行检测。该装置还有拍照功能，可以将航天员的检测结果传到地面进行诊断。

在太空中，航天员也会通过一些药物实现对心血管系统的调节等。如中华医学的瑰宝——中药也登上了空间站，为航天员的健康保驾护航。

在舱内活动时，航天员可以通过穿着"企鹅服"来对抗失重导致的肌肉萎缩。"企鹅服"，即失重防护服，其中有很多有弹性的带子。这些有弹性的带子会持续给航天员的肌肉施加压力，航天员可以通过克服弹力的活动来达到锻炼肌肉的效果。

航天员的健康保障贯穿航天员天地往返的全过程。航天员乘坐神舟飞船返回舱回归地面，并不意味着健康保障的结束。在返回舱落地后，地面医疗人员还要对航天员的健康状况进行检查，并按照相关流程帮助航天员进行重力再适应。在失重环境中工作和生活6个月后，航天员需要重新适应地面重力环境，因此并不能马上回归正常生活。航天员的身体恢复过程一般分为三个阶段，分别为医学隔离期、医学疗养期和恢复疗养期。在这期间，他们将重新适应在地面的生活，身体状况也会逐渐恢复至飞行前的状态。

神舟十六号载人飞船返回舱成功着陆，航天员桂海潮安全顺利出舱

太空侧记——欢欢喜喜过新年

"曙光，我是神舟十五号！癸卯兔年即将到来，我们在中国空间站祝你们新春快乐，万事如意！"

"谢谢神舟十五号，我们给你们准备了新春大礼包，祝你们新年快乐！"

相距400千米，这是天地之间的问候。

2023年1月21日，中国航天员迎来中国空间站全面建成后的首个除夕。

问天舱内，挂着"福"字、春联，3名航天员特意穿上了"祥云服"，舱壁上的"小麦盆景"绿意盎然……太空家园年味满满。

2022年11月30日，神舟十五号乘组入驻"天宫"。航天员费俊龙、邓清明、张陆开启了为期6个月的在轨工作生活。

在万家团圆的日子，航天员通过视频，手持"福"字向全国人民送出祝福。费俊龙说："我们在距离地球400公里的中国空间站，祝福我们的国家国泰民安，祝福全国人民新春快乐。"谈及在转入长期运营的空间站里过春节，张陆说："穿新衣、吃饺子、送祝福，这些年俗年味儿可一样也不少。"

在失重环境下行云流水地书写春联，是中国航天员过"太空春节"的保留节目。3名航天员有着共同的书法爱好，风格各有特色。张陆以圆润秀气的字体写下上联"建强国激流勇进"，邓清明的下联"筑天宫奋楫扬帆"清瘦飘逸，横批由费俊龙沉稳有力地写下"盛世中华"。

2023年新春将至，神舟十五号乘组3名航天员通过视频向祖国和人民送上新春祝福

　　春节的空间站，例行工作不停。

　　费俊龙自如地在问天舱内"游动"穿梭巡检，不时对设备进行参数调试。2005年神舟六号在轨工作期间，他只能在飞船舱内做几个"前滚翻"，小心翼翼地防止碰坏设备。现在，"三室三厅"的空间站不仅科技性大大增强，居住感更是提档升级。

　　空间站另一头，天舟五号货运飞船舱内，货包摆放有序，邓清明在此取用当天所需物品，熟练地对货物进行扫码登记。2022年，天舟五号货运飞船停靠空间站，中国拥有了全球最快的"太空快递"。从发射到接收只需两小时，速度堪比同城闪送，航天员上太空"出差"，越来越有"回家"的感觉。

　　天和核心舱内，张陆抱着污水箱飘至污水处理装置处，按下仪表板上的启动键。再生式环境控制与生命保障系统让氧气和水循环再生，在太空营造"地球环境"，也将地球生活搬上太空。

太空跑台、太空自行车、拉力器等健身设备和医监问诊设备配套齐整，冰箱、空调、微波炉等太空家电一应俱全——且都是中国"智造"。曾在空间站度过虎年春节的航天员王亚平说："我们在空间站的生活，处处体现着科技的温暖。"

吃年夜饭的时候到了。

地面团队给航天员准备了丰盛的大餐：主食有水饺、桂花芝士年糕、血糯八宝饭3种，复水菜有紫菜蛋花汤、西红柿鸡蛋汤、翡翠白玉汤3种，还有饮料、糖果若干；寓意"十全十美"的副食，色香味俱佳，菜名也都精心设计，饱含深深祝福，"鸿运当头"是椒麻鹅，"年年有余"是美味熏鱼，"金玉满堂"是松仁玉米，"势如破竹"是酸辣笋……

除夕当日，第二届"天宫画展"在中国空间站正式开展。这是神舟十五号航天员乘组从中国空间站给全国青少年送来的一份新年礼物。画展以"画美丽中国、话美好生活"为主题，分"强国印记""华夏神韵""圆梦征程""幸福味道"4个板块，共有40幅青少年绘画作品亮相"天宫"。孩子画笔描绘的中国梦、航天梦，画作中承载的各族人民奋进新征程的磅礴力量和对美好生活的真挚向往，令人振奋。

当舷窗外能够看到祖国的万家灯火，当空间站同样迎来辞旧迎新的时刻，航天员的祝福道出了航天人共同的心声："祝愿大家平安喜乐，皆得所愿！"

人物故事：十七年后再逐梦

　　2005年10月12日凌晨，戈壁滩风雪交加，气温骤降。费俊龙与聂海胜就是在这样的环境中踏上征程。9时整，神舟六号载人飞船搭乘长征二号F遥六运载火箭升空，费俊龙迎来了自己的首次太空之旅。

神舟六号载人飞船和长征二号F运载火箭组合体转运至发射架

费俊龙

　　费俊龙，1965年5月出生，籍贯江苏昆山。费俊龙从小就有参军梦想。1982年，正准备高考的费俊龙悄悄报名参军，但很快被家人发现了。得知这件事情后，费俊龙父亲沉默了很长时间，后来父亲对费俊龙说，既然选择了就不要后悔，要对得起自己的选择。

　　费俊龙在航校的表现非常出色，被评为"全优学员"。毕业时，学校领导专门找费俊龙谈话，动员他留校任教。考虑到飞行事业的需要，费俊龙选择留在学校，成为一名飞行教员。1998年，在经过层层选拔和考核后，费俊龙正式成为中国首批航天员。

　　2003年，杨利伟执行神舟五号载人飞行任务，成为第一个进入太空的中国航天员。那时，费俊龙默默在心中为自己定下了一个目标。经过坚持不懈的努力，2005 年，费俊龙成为神舟六号载人飞行任务的指令长，与聂海胜一起出征太空，目标实现。

神舟六号载人飞行任务是具有开创性的飞行任务。这是我国首次实现多人航天飞行，飞行时间也从神舟五号的一天变成了五天。在五天时间里，费俊龙与聂海胜创造了我国航天史上的多个第一次：第一次吃热饭热菜，第一次用太空睡袋睡觉，第一次脱掉舱内航天服进入轨道舱，第一次开展我国真正意义上有人参与的空间科学实验活动……这次飞行任务，也标志着我国多项载人航天技术达到世界顶尖水平。

飞天归来后，费俊龙曾担任中国航天员大队大队长，并参与到了航天员的选拔训练工作中。

岁月不居，转眼间十几年过去了，费俊龙一直在倾心培养年轻的第二批航天员。如今，第二批航天员已经有多人完成飞天任务，而费俊龙还是守志如初，常年坚持训练，并保持着令人惊叹的自律。十多年来，他的体重甚至都没有发生变化。费俊龙一直在等一个机会，等待祖国的再次召唤。他曾在神舟六号载人飞行任务结束后，回顾自己在太空中的感受："我整理完东西回来之前，我还看了一下我们美丽的地球。当时我在想，这么美的地方，我还会再来，我必须再来。"信念如金，时刻等待发光。

老骥伏枥，志在千里！费俊龙十几年如一日的拼搏终于取得回报。经全面考评，费俊龙入选神舟十五号载人飞行任务乘组并担任指令长。2022 年 11 月 29 日，搭载神舟十五号载人飞船的长征二号 F 遥十五运载火箭在酒泉卫星发射中心点火发射。第二天，费俊龙、邓清明、张陆3名航天员顺利进驻中国空间站，与神舟十四号航天员乘组首次实现"太空会师"。57岁的费俊龙在时隔17年后再上苍穹，与队友一起以186天的太空征程续写了中国载人航天工程的辉煌篇章。

第五章

神奇的太空实验室

随着中国空间站建设完成，国家太空实验室也开始运行。国家太空实验室将开展长期、多领域、大规模的空间科学与应用研究。这些科学研究主要涉及哪些领域？研究的意义又是什么呢？接下来，让我们一同进入这个神奇的太空实验室，探索中国空间站的科研奥秘吧。

01

太空中的实验室

天宫空间站的主要用途之一，是面向前沿科学探索、人类生存和太空活动，支持开展大规模的空间科学实验、技术试验和空间应用等活动。

为实现这一目的，中国空间站不仅在舱内配备了多个科学实验柜，还在舱外设置了暴露实验平台。

中国空间站的科学实验柜宽约1米、高约1.8米、深0.8米，看起来像储物柜。不要小看这些科学实验柜，每个实验柜都相当于一个小型的独立实验室，可以支持一个或多个方向的空间科学与应用研究。研究人员通过巧妙的设计，使占地几十平方米的科学实验系统集中于不到2立方米的柜子里。

天和核心舱配置有医学样本分析与高微重力科学实验柜和无容器材料实验柜。其中，高微重力科学实验装置可以将空间站的微重力水平提升两个数量级，而无容器材料实验柜则可以为样品提供没有接触污染的实验环境。

　　问天实验舱是中国空间站的第一个实验舱，其中的科学研究项目涉及空间生命科学与生物技术、微重力流体物理、空间材料科学、空间应用新技术试验等领域。问天实验舱配置了生命生态实验柜、生物技术实验柜、科学手套箱与低温存储柜、变重力科学实验柜等。生命生态实验柜、生物技术实验柜和变重力科学实验柜是开展科学实验的场所，科学手套箱为航天员操作实验样品提供安全、高效的支持，低温存储柜用于满足不同实验样品的低温储存需求。

　　问天实验舱的舱外还布置了能量粒子探测器和等离子体原位成像探测器等设备。这些设备将不断收集空间环境数据，为航天员的健康和空间站的安全运营提供坚实保障，同时也为空间环境的基础研究提供宝贵数据。

　　梦天实验舱中没有基础生活设施，因而拥有更为宽敞的空间来部署科学实验设施。梦天实验舱配置了超冷原子物理实验柜、高精度时频实验柜、高温材料科学实验柜、两相系统实验柜、流体物理实验柜、燃烧科学实验柜、在线维修装调操作柜等科学实验柜，能够在微重力基础物理、空间材料科学、微重力流体物理与燃烧科学等领域开展深入研究。梦天实验舱还设有货物气闸舱和可展开的暴露实验平台，为开展各类舱外科学实验提供了强大支持和无限可能。

研究人员在进行检查和组装实验柜的工作（来源：中国载人航天工程办公室）

02

可以自动归位的悬浮实验台

对于科学实验来说，太空的微重力环境无疑是独特而宝贵的资源。它提供了地面实验室难以模拟的极限条件，使科学家们能够观察到一些在地球重力环境下无法观察到的实验现象，从而有望获得一系列新的科学发现。

空间站围绕地球运行时，舱内的微重力环境会受到多种因素的影响，高微重力科学实验装置可以在空间站舱内模拟出更接近舱外太空环境的微重力水平，为航天员在舱内开展高微重力实验创造了良好的环境。

一般来说，空间站的微重力水平为$10^{-3}g$~$10^{-5}g$，而高微重力科学实验柜可将微重力水平提升两个数量级，达到$10^{-7}g$。

2022年3月23日下午，"天宫课堂"第二课正式开讲。在课上播放的一段视频中，神舟十三号航天员叶光富从医学样本分析与高微重力科学实验柜中取出一个长方体形装置，并轻轻推动这一装置。有趣的现象出现了，这个装置并没有像在空间站内的其他物体那样沿力的方向持续运动，而是慢慢地飘回了原来的位置。叶光富展示的长方体形装置，就是高微重力科学实验装置的核心部件——悬浮实验台。这一实验台具有双层结构，内层采用磁悬浮技术，外层通过喷气控制姿态和位置，喷气加磁悬浮双重控制，可以有效降低各种干扰因素的影响，实现高微重力水平。

　　为什么悬浮实验台可以自动归位呢？原来，在高微重力科学实验装置的柜门上，有一个特殊的黑色点状矩阵，叫作"靶标"。这个靶标起到了参照物的作用。悬浮实验台的后面装备了两台相机。根据相机捕捉到的图像信息，悬浮实验台能够精确地计算出自身相对于柜体的位置和姿态。当悬浮实验台受到外力作用，比如被推动时，它相对于靶标的位置就会发生偏离。这种偏离一旦被检测到，悬浮实验台就会迅速作出反应，通过喷射气体来校正偏离。这种自动校正机制确保了悬浮实验台能够在微重力环境中保持稳定的位置和姿态。无论受到怎样的扰动，它都能够迅速恢复到原来的位置和姿态，大大提高了空间实验的准确性和可靠性。

　　"在高微重力环境下，科学家利用冷原子干涉仪对原子进行加速度测量比对，可以对爱因斯坦广义相对论中的等效原理进行高精度检验，这些都是基础科学领域的前沿性研究。"叶光富在介绍高微重力科学实验装置的用途时说道。高微重力科学实验装置的潜力远不止于此。展望未来，它还可以用于开展微重力流体动力学及材料科学研究、惯性和加速度传感器研究等，推动相

关领域的技术创新和进步，为我们未来在太空中
的探索和研究提供有力的支持。

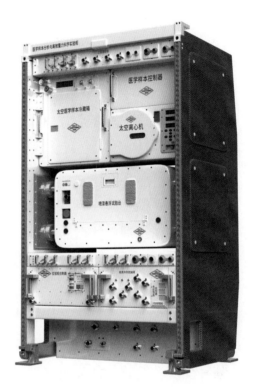

医学样本分析与高微重力科学实验柜示意图

03

没有容器的科学实验

在"天宫课堂"第二课上，航天员王亚平通过视频向观众展示了锆金属小球的熔化与凝固过程。这个实验并未在普通的实验容器中进行，而是发生在一个特殊的实验柜里。这个实验柜就是无容器材料实验柜。

在地面上，大多数实验都需要用到容器。这些容器，无论多么干净，都不可避免地会与实验样品发生某种程度的接触，从而可能引入杂质或改变样品的原有性质。这就像是在烹饪过程中，即使我们使用了非常干净的铁锅，也仍然无法完全避免铁元素和其他杂质混入食材中。

无容器材料实验柜则提供了一个理想的实验研究环境。它利用静电场对实验样品实现悬浮稳定控制，确保样品与实验腔体内表面完全不接触。这样一来，就能够彻底消除容器对样品的影响，从而获得更加精确和可靠的实验数据。

无容器材料实验柜支持开展金属、非金属等材料加工、深过冷研究及材料热物性相关研究。

目前，通过无容器材料实验柜加工的实验样品包括新型金属合金、新型特种功能材料等。通过对这些材料的研究，研究人员可以更深入地理解材料的特性，还可以获得开发和研究新材料的思路和方法。

无容器材料实验柜示意图

04

在空间站里种植物

在目前开展的空间生命科学研究中，拟南芥和水稻的种植备受瞩目。

在问天实验舱进入太空不久，载有实验样品拟南芥种子和水稻种子的实验单元正式启动实验。此前，我国已完成拟南芥在太空"从种子到种子"（从种子萌发，幼苗生长，到开花结籽）全生命周期实验，这次是国际上首次对水稻在空间站"从种子到种子"全生命周期的培养研究。

为什么会首先选择拟南芥和水稻进行研究？这是因为它们代表了两种不同模式的植物。拟南芥代表双子叶、长日照、十字花科植物，而水稻属于单子叶、短日照、禾本科植物。

自20世纪50年代第一颗人造地球卫星发射以来，如何借助植物满足人类在地外环境中的生存需求，一直是空间生命科学领域的研究焦点。如今，科学家们的研究重点正逐渐从植物幼苗阶段的研究延伸至种子生产研究。然而，目前仅有

常见的十字花科植物还有花椰菜、油菜等，常见的禾本科植物还有小麦、玉米等。

油菜、小麦和豌豆等少数几种作物在空间环境中完成了"从种子到种子"的实验周期。同时，空间条件下植物开花时间延迟、开花数量减少、种子结实率降低及种子品质下降等问题仍然亟待解决。因此，拟南芥和水稻"从种子到种子"全生命周期实验具有极其重要的意义。

拟南芥和水稻"从种子到种子"全生命周期实验项目共在轨开展120天。地面上的科研人员通过观察获取的影像资料，分析拟南芥和水稻的生长过程，发现不少有意思和值得深入研究的现象。比如，在微重力环境下，水稻的株型在空间变得更为松散，开花时间比地面略有提前等。

2022年12月4日，神舟十四号载人飞船返回舱在东风着陆场成功着陆，国际上首次在轨获得的水稻种子，以及水稻和拟南芥的实验样品也与航天员们一起"回家"，研究团队对这些珍贵的种子和实验样品进行了深入的研究。这些承载

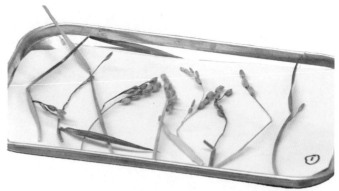

随神舟十四号飞船返回舱下行的空间站第三批空间科学实验样品交付并于2022年12月5日凌晨返回北京。研究员对实验样品进行研究

着中国人太空梦想的种子，有望孕育出更加丰硕
的果实，为人类的未来探索提供坚实的支撑。

太空生物实验中的"明星"——拟南芥

拟南芥，又称鼠耳芥、阿拉伯芥或阿拉伯草，属于十字花科植物。它被誉为"植物界的果蝇"，这一称号并非空穴来风，而是因为它在植物实验中具有无可替代的地位。

首先，拟南芥的体型小巧，不占用过多的研究空间，这使得在有限的太空环境中进行大规模种植和研究成为可能。其次，它只有5对染色体，易于进行遗传分析。此外，拟南芥的生长速度也令人惊叹，它在不到两个月的时间内就能完成生命周期，这是许多其他植物所无法比拟的。

正是因为拟南芥具备这些特质，它才能够成为遗传学和植物发育研究领域的理想模型。通过对拟南芥的深入研究，科学家们有望揭示植物生命过程的一些共同特征和基本规律，为未来的农业生产和植物保护提供有力支持。

被"拿捏"的重力

在我国深空探测发展蓝图中，探月工程和火星探测任务占据着举足轻重的地位。月球和火星的重力与地球迥异，这让人们不禁好奇：若将地球上的事物移至这陌生的重力环境中，会产生怎样的奇妙现象？

为了探寻这一问题的答案，变重力科学实验柜应运而生。变重力科学实验柜位于问天实验舱，可通过对重力环境的高精度模拟，研究不同重力环境下的物理、化学和生命科学现象。目前，变重力科学实验柜可以为科学实验提供 $0.01g$~$2g$ 的高精度重力环境，支持开展模拟月球重力、火星重力下的科学研究。

变重力科学实验柜的核心装置——两套直径达900毫米的离心机，不仅可容纳中大型实验模块，还可以创造出实验所需的特定重力环境。离心机的旋转速度越快，模拟出的重力作用就越大。通过精确调控离心机的旋转速度，实验柜便能模拟出各种不同的重力环境。

　　值得一提的是，变重力科学实验柜运用的技术堪称"黑科技"。它采用无线传能系统，显著减少了机械磨损，提高了可靠性，延长了设备的使用寿命。同时，实验柜的在轨自动平衡系统可以保障离心机在运转过程中的平衡状态，进一步降低了磨损并提升了重力控制的精度。

　　正是凭借这些卓越的技术特性，变重力科学实验柜得以轻松"拿捏"重力，为科学家们开展与重力相关的各类实验提供了强有力的支持。无论是空间生命科学与生物技术的研究，还是微重力流体物理和燃烧科学的探索，都可以通过这一实验柜来深入探究不同重力效应和响应机制。

变重力科学实验柜示意图

06

"冰火两重天"和"太空炼丹炉"

在中国空间站的梦天实验舱内，有这样一对极具反差的"冰火兄弟"——超冷原子物理实验柜与燃烧科学实验柜，它们一冷一热，构成了空间站上的独特景观，仿佛"冰火两重天"。

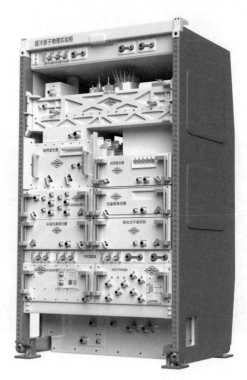

超冷原子物理实验柜示意图

　　"冰兄弟"——超冷原子物理实验柜是中国首个微重力超冷原子物理实验平台，它借助空间微重力环境及一系列尖端技术，能够将原子冷却至接近绝对零度的超低温。在这样的条件下，科学家们得以突破地面限制，开展前沿的物理研究，探索新的物理现象，为物理学的进步贡献力量。

　　与之形成鲜明对比的"火兄弟"，是燃烧科学实验柜。燃烧科学实验柜能够支持在轨开展燃烧科学研究，为科研人员提供了独特的研究平台。2023年2月16日，燃烧科学实验柜成功进行了首次在轨点火测试，标志着我国在空间燃烧科学研究领域迈出了重要的一步。利用该实验柜，研究人员可以更加深入地理解燃烧机理，在航天器推进、航天器防火灭火、燃烧污染物控制等领域取得新的进展。

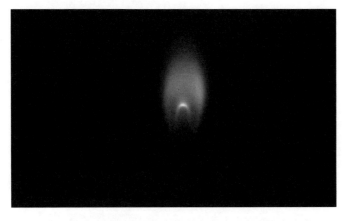

燃烧科学实验柜成功实施首次在轨点火实验（来源：中国载人航天工程办公室）

燃烧科学实验柜示意图

　　除了这对"冰火兄弟"，梦天实验舱还配备了高温材料科学实验柜。这个被研究人员亲切地称为"太空炼丹炉"的设备，最高加热温度可达1 600摄氏度。高温材料科学实验柜是集材料制备、加工、原位检测、实时观察和诊断于一体的实验系统，其独特的X射线实时观察模块能够为研究人员提供实验过程的实时图像，极大地提升了实验的直观性。该实验柜还具备旋转磁场调控、主动冷却等先进功能，为高温材料科学研究提供了前所未有的便利。

高温材料科学实验柜示意图

　　太空实验室的魅力在于，它能够在"严苛"的环境下揭示物质的本质特征。目前，空间站的太空实验仍在不断解锁新的项目，相关的科学研究也在持续进行。展望未来，在空间站太空实验室的推动下，更多有关宇宙起源、物质和生命本质的秘密将被揭晓。

07

神奇的"太空维修工"

在空间站应用与发展新阶段，太空实验已成为航天员工作的重中之重。然而，当空间站的实验装置遭遇故障或需要维护时，挑战便接踵而至。幸运的是，航天员拥有在线维修装调操作柜这一得力助手，它如同一位全能的"太空维修工"，为整个空间站的实验设施提供着"后勤"支持。

与其他科学实验柜相比，在线维修装调操作柜的外观别具一格。其面板上镶嵌着两个操作孔，宛如一双炯炯有神的大眼睛，透射出一种与众不同的灵动与智慧。在功能上，它更是独树一帜，不仅具备实验室的精密特性，还拥有"装配车间"的灵活、高效，最重要的是，它肩负着维护空间站应用系统正常运行的艰巨使命。

在线维修装调操作柜的核心部件是操作箱，也叫作"在线维修操作支持单元"，拥有超过360升的操作空间。其正面设计有一块超大的透明面板，使航天员能够清晰地观察到箱内的工

作环境。航天员可以把透明面板打开，直接对
箱内的载荷进行操作。对于有密闭要求的载荷，
航天员可以戴上手套，通过两个操作孔，对箱
内的载荷进行操作。操作箱内配置了具有7个自
由度的"机械手"，其操作精度可达0.1毫米以
内，足以满足各种高精密度操作的需求。同时，
丰富的传感器实时监测着箱内的温度、湿度和
压差，确保工作环境的稳定与安全。操作箱还
具有废气、废液、废渣处理能力，能够为航天
员创造一个安全的工作环境。

在线维修装调操作柜示意图

　　在线维修装调操作柜额外设计了一个可展开的移动维修平台，该平台被巧妙地折叠放置在操作箱下方，只需将平台抽出、展开并固定好，即可迅速投入使用。这种设计不仅节省了空间，还大大提高了维修工作的效率与便捷性。

　　值得一提的是，"太空维修工"还拥有一项"黑科技"——基于增强现实技术的智能诱导维修系统。当航天员戴上特制的增强现实眼镜时，他们瞬间变身为"超级维修工"。这一系统可以实时、准确地将预先制作好的操作指引信息叠加在实物对象上，使航天员能够按照语音和文字的指示轻松完成各种复杂操作，而不再需要传统的说明书和操作手册。这一创新极大地减轻了航天员的训练和在轨操作负担，这正是这位神奇的"太空维修工"所散发出的无穷魅力。

08

舱外暴露实验平台

宇宙，这个看似深邃宁静的广阔空间，实际上充满了各种危险，如大量看不见但极具破坏性的辐射等，这些危险因素对航天器和航天员构成严重威胁。但是，宇宙中的高真空、微重力、强辐射以及极端的温度变化等，则为科学实（试）验提供了地面难以模拟的条件。

通过将实验样品直接暴露在宇宙极端环境中，科学家们可以获取宝贵的数据。这些数据对于材料科学和生物学等领域的研究都具有重要意义。例如，了解材料在宇宙中的性能变化有助于设计更耐用的航天器，研究电子元器件在辐射环境中的表现可以为太空电子设备的研发提供指导，生物学实验则有助于探索太空对生命体的影响。

2024年3月14日，中国空间站首批舱外暴露实验材料样品成功返回空间站内，后期将随着载人飞船下行至地面研究人员手中，供研究人员进行分析、对比。为了更好地支持舱外暴露实验，问天实验舱和梦天实验舱都进行了特殊设计。问天实验舱的小机械臂可以独立完成舱外载荷的安装，航天员无须穿着舱外航天服出舱。梦天实验舱则配有载荷转移机构和两块可在轨展开的暴露实验平台，航天员可以在舱内轻松完成载荷出舱的一系列操作。

知识链接

梦天实验舱的货物气闸舱配有一台载荷转移机构，该载荷转移机构的运送能力达到了惊人的400千克。当航天员需要完成载荷出舱任务时，他们会打开内舱门，这时，载荷转移机构移动至工作舱。航天员在工作舱内将科学实（试）验载荷固定在载荷转移机构上，安装完成后载荷转移机构会从工作舱缩回气闸舱。航天员关闭内舱门后，外舱门开启，载荷转移机构将搭载的科学实（试）验载荷移至舱门口，舱外机械臂抓取载荷并安装至舱外。这种设计不仅大大提高了实验效率，还降低了航天员的操作风险。

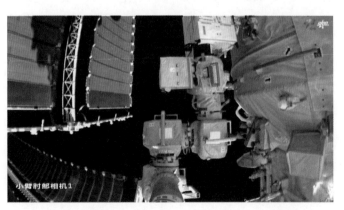

中国空间站外的实验设备（来源：中国载人航天工程办公室）

09 让空间站的科技成果造福全人类

众所周知，空间站的建设难度、风险、投入都非常大，体现了一个国家的航天综合实力。空间站建成后，既是航天员的"太空之家"，也是科学研究的"太空实验室"。这个一流的太空实验平台，将为科学家取得世界级的重大科研突破提供机会。

在研制建设空间站的过程中，我国始终坚持和平利用、平等互利、共同发展的原则，与多个航天机构和国际组织开展了形式多样的交流合作。早在2019年，中国载人航天工程办公室就与联合国外层空间事务办公室联合宣布17个国家的9个项目成为中国空间站科学实验首批入选项目。这些项目涵盖了空间天文、生命科学、航天医学、空间物理等多个前沿科学领域。这些项目的入选以及后续合作计划的酝酿，不仅标志着中国空间站国际合作进入了一个新阶段，更展现了全球科学界对中国空间站的高度认可和期待。

中国开放空间站使用，将有力促进载人航天国际合作，让更多国家有机会参与载人航天技术

驻守在空间站的航天员用机械臂抓住缓缓接近的货运飞船，使其"停泊"在空间站上，以进行太空居住物资和科学实验材料的补给。在地球和空间站之间来回穿梭的，既有载人飞船，也有货运飞船，而且不止来自一个国家。这样的画面，未来或将在中国空间站经常见到。

研究，跨越技术鸿沟；另一方面，在中国空间站开展的来自全球的科学实验，会进一步促进太空探索和合作，让各国发挥所长，携手取得有益于全人类的丰硕科学成果。毫无疑问，这才是共享太空的真正意义。

　　小到我们每一个人，大到整个地球文明，都对探索太空充满了好奇与向往。空间站的开放为来自不同国家、不同民族、不同文化背景的科学家们提供了一个共同探索宇宙的平台。这种开放的文明特质对于人类未来探索更遥远的星球而言，同样具有重要意义。它使人们紧紧凝聚在一起，共同面对风险挑战，勇往直前地奔向未知的星辰大海。

2022年9月6日，在埃及开罗的"天宫对话"活动埃及分会场，一名开罗大学汉语老师向中国航天员刘洋提问

　　想象这样一幅画面：深邃的太空中，蓝色的地球随着时间的流动光影变幻，人类凭借着自己的智慧和勇气，接续飞出地球，飞向灿烂无比而又寂静无声的宇宙深处。而中国空间站，将成为其中一个壮丽的节点。

人物故事：中国空间站首位载荷专家

航天员也可以戴眼镜了？当神舟十六号载人飞行任务乘组与公众见面的时候，一名戴着眼镜的航天员迅速引起人们的关注，他就是中国空间站首位载荷专家桂海潮。

神舟十六号载人飞船与长征二号F遥十六运载火箭组合体转运至发射区

桂海潮

　　桂海潮出生于1986年11月，籍贯云南施甸，北京航空航天大学教授、博士生导师。在桂海潮之前，我国的航天员主要从飞行员中选拔，担任航天驾驶员的角色。然而，随着我国载人航天工程的不断发展，空间站应用与发展阶段需要科研人员参与空间科学实验。因此，载荷专家这一新角色登上舞台。

　　载荷是一个专业名词。实现航天器运行目的的仪器、设备、生物等，被称为有效载荷。载荷专家主要负责空间科学实验载荷的在轨操作，因此需要从空间科学研究及相关应用领域的科研人员中进行选拔。

　　桂海潮从小学习就非常认真刻苦，是同学眼里的"学霸"。积极、勇敢、坚持、刻苦，是他的性格标签，也是他在学习和工作中不断取得成功的关键因素。

　　桂海潮的航天梦想源于2003年。当时，正在念高二的他看到杨利伟搭乘神舟五号进入太空的消息，内心激动不已。那一刻，他下定决心要投身航天事业。高考结束后，他毅然选择了北京航空航天大学的航天飞行器设计与工程专业，为实现自己的航天梦迈出了坚实的一步。

　　桂海潮有着丰富的科研经历，在航天动力学与控制领域成果丰硕，这也为他成为航天员奠定了基础。

　　2018年，我国正式开始第三批预备航天员的选拔工作。时年31岁的桂海潮毫不犹豫地报了名。他表示，将自己热爱的科研工作搬到太空去，正是自己的梦想。

　　航天员的选拔过程极为严格，桂海潮经历了层层考验，最终凭借出色的研究能力和过硬的身体素质脱颖而出，成为第三批18位预备航天员中的4名载荷专家之一，也是唯一一名来自高校的载荷专家。

　　尽管桂海潮是载荷专家，但他的训练标准并不比其他航天员低。据桂海潮介绍，"离心机训练中，航天飞行工程师和载荷专家选拔标准是6G的过载，比航天驾驶员标准低。但是，入队后所有训练标准都要达到8G的过载"。经过严格训练和考核后，桂海潮最终成为神舟十六号载人飞行任务乘组的光荣一员。

　　回到最开始提出的问题，航天员可以戴眼镜吗？答案是肯定的，但也有限制条件，必须是低度近视。在载人飞船发射和返回阶段，由于震动较大，不能佩戴眼镜。而在空间站工作和生活期间，是可以正常佩戴眼镜的。就这样，中国空间站迎来了第一位"眼镜飞人"。

　　心中有梦想，就能成就事业。桂海潮坚持了自己的航天梦想，并为梦想不断奋斗，终于圆梦苍穹。他在太空持续书写着丰富多彩的故事。希望他平凡而又伟大的奋斗故事，能够带给我们更多启发和思考。

第六章
"航天种子"长出科学梦想

空间站是国家太空实验室，也是重要的太空科普教育基地，有着得天独厚的教育资源。十年来，从首次太空授课，到第四次"天宫课堂"，航天科普不断深化和拓展，播撒下的科学种子在亿万青少年心里生根发芽、开花结果。"天宫课堂"都有哪些精彩的内容？"天宫课堂"中的太空小实验背后的原理是什么？希望这些有趣的内容，能够点燃你的科学热情，在你心中种下"航天梦"的种子。

有趣的天宫课堂

2021年12月9日，对于中国的学生们，是个特别的日子。这一天，在距离地面400千米的中国空间站，"天宫课堂"第一课正式开讲。在约60分钟的授课中，神舟十三号航天员翟志刚、王亚平、叶光富为广大青少年带来了一堂精彩的太空科普课。这是时隔8年之后，中国航天员再次进行太空授课，也是中国空间站中的首次太空授课活动。

"天宫课堂"第一课开讲，神舟十三号乘组航天员在空间站进行太空授课

　　我国航天员进行太空授课最早可追溯至2013年6月20日。那时候，中国空间站还没有入驻太空，神舟十号乘组航天员在天宫一号目标飞行器开启了中国首次太空授课。当时，天宫一号中航天员的活动范围只有15立方米。而如今的天宫空间站，仅天和核心舱中航天员的活动范围就能达到50立方米。随着硬件条件的不断提升，"天宫课堂"的授课内容越来越丰富，直播的图像和声音也越来越稳定清晰，授课的效果也更加出色。

　　"天宫课堂"第一课开课时，在中国科技馆地面主课堂的大屏幕上，实时画面从绕着蓝色地球飞行的空间站转换到了宽敞整洁的天和核心舱中。此时，一个陀螺旋转着出现在画面中，王亚平的声音响起："太空探索永无止境，随着不断旋转的陀螺，我们已经从神舟十号任务，进入到了空间站时代。欢迎来到'天宫课堂'！"王亚平和同学们打起招呼，并风趣地介绍身边的"感觉良好乘组"。

　　中国空间站中的首次授课活动，以带领同学们了解这个全新的"太空之家"开始。从核心舱小柱段的睡眠区，到有着加热装置、饮水分配器、食品冷藏箱的太空厨房，从太空跑台、太空自行车，到对抗肌肉萎缩的"企鹅服"，中国空间站仿佛就在人们眼前，地面课堂不时响起阵阵掌声。

　　神奇的"天宫课堂"，点燃了孩子们的科学梦想，引起了社会的强烈反响。如今，"天宫课堂"正逐渐成为我国太空科普的一个国家品牌。它虽然是空间站科学平台的小小展示和应用，却意义重大。太空授课不仅能激发人们对航天和科学的兴趣，也能增进公众对门槛高、回报周期长的航天事业等大科学计划的理解和支持，还会在青少年心中种下科学种子，等待梦想生根发芽。

"天宫课堂"小档案

第一课

开课时间：2021年12月9日

课堂地点：天和核心舱

授课老师：神舟十三号航天员翟志刚、王亚平、叶光富

太空小实验：浮力消失实验、水膜张力实验、水球光学实验、泡腾片实验等

第二课

开课时间：2022年3月23日

课堂地点：天和核心舱

授课老师：神舟十三号航天员翟志刚、王亚平、叶光富

太空小实验：太空"冰雪"实验、液桥演示实验、水油分离实验、太空抛物实验等

第三课

开课时间：2022年10月12日

课堂地点：问天实验舱

授课老师：神舟十四号航天员陈冬、刘洋、蔡旭哲

太空小实验：毛细效应实验、水球变"懒"实验、太空趣味饮水、会掉头的扳手等

第四课

开课时间：2023年9月21日

课堂地点：梦天实验舱

授课老师：神舟十六号航天员景海鹏、朱杨柱、桂海潮

太空小实验：球形火焰实验、奇妙"乒乓球"实验、动量守恒实验、又见陀螺实验等

人物故事："最美太空教师"

　　2021年11月7日，神舟十三号航天员翟志刚与王亚平身着我国新一代"飞天"舱外航天服，先后从中国空间站天和核心舱节点舱成功出舱。那一刻，中国航天史上诞生了一个新纪录，王亚平成为中国首位执行出舱活动任务的女航天员。

　　"当推开宇宙之门、置身浩瀚宇宙的那一刻，我感到自己穿越到了另一个时空。"王亚平回忆第一次出舱感受时写道，"宇宙之美无与伦比，而我们居住的蓝色星球悬居其间，平静、美丽而祥和。看到这样的景象，心中不自觉涌起一种深切的感动。"

　　太空映倩影，诗意写人生。璀璨的星河，中国女航天员一身诗意地向世界展现她的独特风采。

搭载神舟十三号载人飞船的长征二号F遥十三运载火箭点火起飞

王亚平

王亚平，1980年1月出生，籍贯山东烟台，1997年8月入伍，曾任空军航空兵某师某团副大队长，安全飞行1 567小时，被评为空军二级飞行员。2010年5月，王亚平入选中国第二批航天员，正式开启其航天生涯。

作为首位翱翔太空的"80后"，王亚平有着过硬的飞行技术和超强的心理素质。她曾入选神舟九号载人飞行任务备份航天员，最终乘坐神舟十号载人飞船圆梦苍穹。

太空环境不会因为女性的到来而改变，也不会因为航天员是女性就降低门槛。但在力量方面，男女的差距又是客观事实。怎么缩小这个差距？王亚平给出的答案，就是练。

王亚平生性不怕吃苦、不服输，为了提高自己的能力，她加大自己的训练强度，为此放弃了很多休息时间。她曾在采访中介绍，她穿着100多千克的舱外航天服，在水下训练六七个小时后，吃饭时拿筷子的手都是抖的。

"中国首位太空漫步的女航天员""中国空间站第一位女航天员"……王亚平的"航天头衔"有很多，其中最为大众熟知的，大概是"首位太空教师"这一身份。

2013年6月13日，王亚平乘坐的神舟十号载人飞船与天宫一号目标飞行器完成自动交会对接任务，航天员入驻天宫一号。6月20日上午，王亚平成功进行了我国首次太空授课。在这次天地连线中，全国有8万余所学校、6 000多万名中小学生同步收看这堂课。在大约40分钟的授课时间里，王亚平在聂海胜、张晓光的协助下，演示了多个有趣的基础物理实验，展示了失重环境下物体的运动特性，在全国中小学生的心中播撒了"航天梦"的种子。

2021年10月16日，搭载神舟十三号载人飞船的长征二号F遥十三运载火箭在酒泉卫星发射中心点火升空。在这次飞行任务中，王亚平成为首位进入中国空间站的女航天员。在时隔8年之后，2021年12月9日，中国航天员再次进行太空授课。这也是中国空间站中的首次太空授课活动。"太空教师"王亚平与翟志刚、叶光富在约60分钟的授课中，生动地展示了空间站工作生活场景，演示了微重力环境下的神奇实验，并讲解了实验背后的科学原理。授课期间，航天员通过视频通话形式与地面课堂师生进行了实时互动交流。2022年3月23日，王亚平又与翟志刚、叶光富一起，完成了在空间站的第二次授课。王亚平以3次太空授课的经历，收获了"最美太空教师"的赞誉。

"我把每次任务都当成是一次战斗，从不懈怠。"在一次采访中，王亚平如此说道。她也是这样做的。作为"最美太空教师""中国首位太空漫步的女航天员"，王亚平用自己的亲身经历，诠释了自己的坚定信念，展现了中国女航天员巾帼不让须眉的最美风采。

02

消失的浮力

在"天宫课堂"第一课中，航天员王亚平与地面的同学们同步将乒乓球放在水中，在地面上，放在水杯里的乒乓球浮在了水面上，而在太空中，乒乓球停留在了水中，并没有浮起来。

在地面上，浸在液体中的物体会受到向上的力，这个力叫作浮力。当物体受到的浮力大于重力时，物体上浮；浮力等于重力时，物体受力平衡，可以悬浮在液体内；浮力小于重力时，物体下沉。浮力的产生与液体内部的压强息息相关。

浮力产生的原因

为什么浸在液体中的物体会受到浮力？

这是因为液体内部存在压强，而且深度不同，其压强不同。如图，分析浸没在液体中的长方体的受力情况，长方体两个相对的侧面所受液体的压力相互平衡，对物体水平方向的受力没有影响。长方体上、下表面所处的深度分别记为 h_1、h_2，$h_2 > h_1$，因此，液体对

长方体下表面的压强要大于液体对上
表面的压强。考虑到长方体上、下表
面的受力面积是相同的，所以，液体
对长方体向上的压力 F_2 大于液体对
它向下的压力 F_1。浸没在液体中的物
体，其上、下表面受到的液体对它的
压力不同，这就是浮力产生的原因。

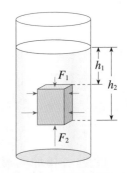

液体对长方体上、下表面的压力不同

　　在空间站的微重力环境中，液体内部不同
深度的压强差很小，浸没在其中的物体所受的
浮力几乎为零。因此，空间站中的乒乓球留在
了水中，地面上的乒乓球因受浮力作用而浮了
起来。

　　与浮力有关的"天宫课堂"小实验，还有泡
腾片实验和水油分离实验。

　　在泡腾片实验中，王亚平在向水球内注入蓝
色颜料后，取出一颗泡腾片放进了水球内。此
时，有趣的现象发生了，水球"沸腾"了！这个
实验的原理是：泡腾片在水中溶解时会发生化学
反应，产生大量的二氧化碳气体。如果在地面
上，二氧化碳气体会因为浮力的作用迅速"逃"
出水球，进入空气中。然而在太空的微重力环境
下，缺少了浮力的作用，反应产生的气泡大部分
留在水球中，只有极少数速度较快的气泡脱离了
水球，留在水球中的气泡使水球渐渐膨胀起来，

整个水球像是一个蔚蓝的星球。

在"天宫课堂"第二课中，王亚平演示了水油分离实验。王亚平用力摇晃一个装有油和水的瓶子。摇晃后，瓶子中水和油充分混合，瓶中的液体呈黄色。将瓶子静置一段时间后，油滴仍然均匀分布在水中。叶光富抓着系在瓶上的细绳甩动瓶子，此时水和油明显分离。这是因为微重力环境中浮力消失，水和油充分混合后，密度大的水不再下沉，密度小的油不再上浮，二者混合在一起，看不出界线。而甩动瓶子后，离心作用使水和油重新分离。

03

奇妙的表面张力

在"天宫课堂"第三课中,航天员陈冬、刘洋做了这样一个小实验。陈冬将三根粗细不同的塑料管同时放入装满水的培养皿中,只见三根管中液体不断上升,最细的塑料管中液体很快就上升到了管顶,速度最快,最粗的塑料管中液体的上升速度较慢,但仍到达了管顶。这个小实验,就叫作毛细效应实验。

同学们观看毛细效应实验

在地面上，管中的液体也会上升，但还没有到达管顶，液体就停止上升了。为什么管中的液体会上升？这就需要引入表面张力的概念。液体的表面张力是液体表面层内分子间的相互作用，这种作用使液体表面绷紧。

浸润和不浸润

一种液体会润湿某种固体并附着在固体的表面上，这种现象叫作浸润；一种液体不会润湿某种固体，也就不会附着在这种固体的表面，这种现象叫作不浸润。当液体和与之接触的固体的相互作用比液体分子之间的相互作用强时，液体能够浸润固体。反之，液体则不浸润固体。

一种液体是否浸润某种固体，与这两种物质的性质都有关系。例如，水银不浸润玻璃，但浸润铅。如果把水银滴到干净的铅板上，水银就会附着在铅板上，很难擦去。

液体放在玻璃管中，液面是弯曲的，但有的向上弯，有的向下弯。这也是浸润与不浸润两种现象的区别。

玻璃管中的水和水银

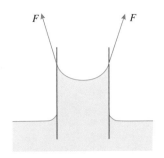

表面张力对管中液体形成向上的拉力的示意图

由于液体浸润管壁，液面向下弯曲（见左图），液体表面张力形成向上的拉力，这个力使管中液体向上运动。在地面上，当管中液体上升到一定高度时，液体所受重力与这个使它向上的力平衡，液面稳定在一定的高度。而在空间站中，没有了重力的束缚，管内的液体受表面张力的作用持续上升，直到到达管顶才停止。

知识链接

毛细现象

浸润液体在细管中上升的现象，以及不浸润液体在细管中下降的现象，称为毛细现象。

在"天宫课堂"中，应用到表面张力的小实验还有很多。

在"天宫课堂"第一课的水膜张力实验中，王亚平利用金属圈制作了一个漂亮的水膜。无论是晃动，还是通过水袋向水膜中加水，在表面张力的作用下，水膜都没有破裂。把折好的纸花放在水膜表面，花朵边旋转边"绽放"。这是因为纸张纤维之间有很多细小的孔道，这些孔道起到毛细管的作用，水沿着毛细管进入纸张纤维的缝隙中，纸面湿润的一侧由于水的表面张力作用而收缩，而干燥的那一侧则没有，于是便有了纸花的"绽放"。

在"天宫课堂"第二课的液桥演示实验中，王亚平拿起两个液桥板，叶光富在两个液桥板上分别挤上水，王亚平把两个液桥板上的水球慢慢地靠近，待水球相溶后把液桥板拉开。这时，在表面张力的作用下，水将两片液桥板连在了一起，就像架起一座小桥。

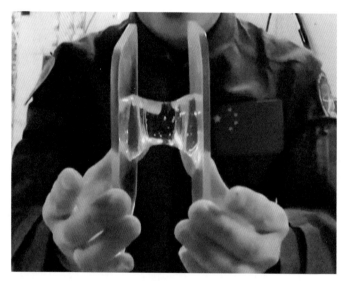

液桥演示实验现象

在"天宫课堂"第四课的奇妙"乒乓球"实验中，当桂海潮使用普通球拍击打水球时，水球吸附在球拍表面，而朱杨柱使用被干毛巾包裹着的球拍击打水球时，水球不但没有被吸收，反而弹开了。水球可以用作"乒乓球"，是因为水的表面张力使水球不容易破裂。用特制球拍击打水球，水球会弹开，是因为毛巾的表面布满了微绒毛，微绒毛形成的结构具有很好的疏水性能。

荷叶上的露珠

　　　　生活中与表面张力有关的现象也有很
多。比如，荷叶上的露珠呈球形，水黾可以"站"在水
面上，这都是表面张力在起作用。

水黾在水面上表演"轻功"

04

水球光学实验

在"天宫课堂"中，有趣的实验有很多。水球光学实验，就是其中有代表性的一个。

在水球光学实验中，王亚平向水球中注入空气，水球中形成一个气泡。有趣的现象出现了，水球中同时出现一正一倒两个人像。

水球光学实验现象

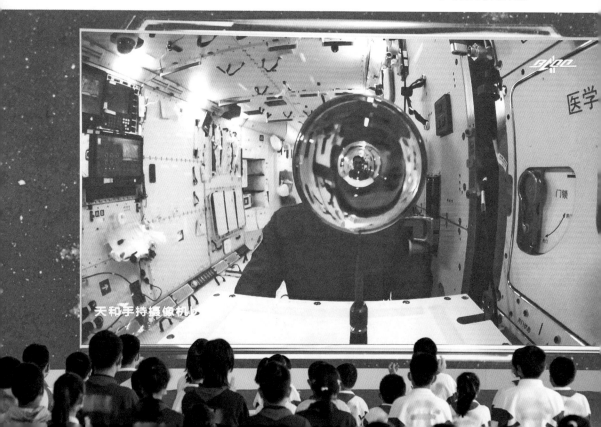

水球呈球状是表面张力在起作用；水球中气泡没有"逃走"，是因为微重力环境中浮力消失了；一正一倒两个人像的出现，则是一种光学现象。

凸透镜与凹透镜

如果仔细观察眼镜，你会发现镜片的中间和边缘的厚薄不一样。远视镜片中间厚、边缘薄，这样的镜片是凸透镜。近视镜片中间薄、边缘厚，这样的镜片是凹透镜。

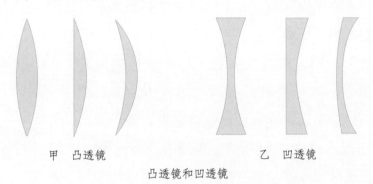

甲　凸透镜　　　　　　　　乙　凹透镜

凸透镜和凹透镜

向水球中注入空气前，水球相当于一个凸透镜，成的是倒立、缩小的像。向水球中注入空气后，气泡的存在使水球中间部分相当于形成了两个凹透镜，因此中间部分出现正立、缩小的像。

凸透镜能使光汇聚，凹透镜能使光发散。在生活中，透镜的应用非常广泛。例如，照相机的镜头是由一组透镜组成的，相当于一个凸透镜，照相时物体离照相机镜头比较远，像是缩小、倒立的。早期的照相馆中，摄影师取景时看到的像就是缩小、倒立的，现在的相机利用光学或电子技术，把倒立的像转变成正立的，便于观察。投影仪、显微镜等光学仪器的主要部件也都是透镜。生活中还有哪些物品用到了透镜？试着找一找吧！

05

变"懒"的水球

在"天宫课堂"第三课上，航天员刘洋展示了水球变"懒"实验。

实验开始时，刘洋准备好了一个紫色的水球。紧接着，她用注射器快速喷出气体冲击水球。受气体影响，水球剧烈地振动起来。刘洋又往水球中投入一个空心钢球。钢球在水球中移动，就在钢球好像要"逃"出水球时，水球仿佛有黏性一样，又把钢球拉了回来。

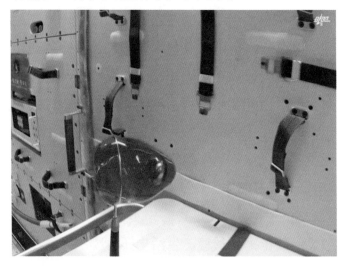

向水球中投入钢球（来源：中国载人航天工程办公室）

在向水球中放入钢球后，刘洋用注射器以同样的力度喷出气体冲击水球。在气体的冲击下，水球再次振动起来。然而，水球的振动幅度比刚才小了很多，似乎变"懒"了。

水球为什么会变"懒"呢？简单地说，加入的空心钢球起到了减振的作用。

减振或隔振设计在生活生产中有很多应用。在挑水时，我们可以在水桶中放一片荷叶，这样能有效减缓水的振荡，防止水溅出来。在建造高层建筑、大桥时，设计人员会设计减振装置，如阻尼器等，来降低主结构的振动。在航空航天领域，减振装置也十分常见。研究人员常利用颗粒阻尼器消耗振动能量，减少航天器和人受到的冲击。

太空转身实验

太空转身实验是"天宫课堂"第一课的经典实验。

在实验中，叶光富在飘浮的状态下，尝试了多种动作，但依然无法转身。当叶光富不断地转动右臂时，身体就能不断地旋转了。

王亚平（左）、叶光富在进行太空授课

　　这一现象与角动量有关。在没有外力矩作用的情况下，物体的角动量保持不变，这就是角动量守恒定律。

　　当叶光富不断地转动右臂时，手臂具有角动量，那么身体的另一部分会产生相反的角动量，这样一来便能成功地实现转身。

　　与太空转身实验原理相同的小实验，还有又见陀螺实验。之所以叫"又见"，是因为早在2013年我国航天员在天宫一号首次进行太空授课时，王亚平就曾展示过陀螺的定轴性。

　　又见陀螺实验是这样的：桂海潮飘浮在空间站中，手持陀螺两端，陀螺保持静止状态。当改变陀螺方向时，桂海潮的身体姿态没有发生明显的改变。而当陀螺自转起来时，桂海潮再次让身体飘起来，双手握住陀螺，改变陀螺方向，人也随之旋转。这是因为陀螺快速自转时具有比较大的角动量，在改变陀螺的方向时，陀螺的角动量发生了变化，使桂海潮的手产生了反作用力矩，从而让桂海潮轻松实现了转身。

　　中国空间站同样是利用这一原理，实现在太空中"转身"。空间站装有多个控制力矩陀螺。控制力矩陀螺高速自转时具有非常大的角动量，当改变控制力矩陀螺方向的时候，就可以对空间站施加很大的力矩，从而改变空间站的姿态，实现"四两拨千斤"的效果。

07

太空"冰雪"实验

"天宫课堂"第二课开讲的时候，北京冬奥会刚刚落下帷幕，心系祖国的航天员们用太空"冰雪"实验向北京冬奥会致敬。

太空"冰雪"实验的过程比较简单。王亚平首先制作了一个透明的液体球。随后，王亚平拿起一根小棍，并用小棍轻轻触碰液体球。这根小棍仿佛是一根魔法棒，在小棍触碰液体球的瞬间，球内便开始"结冰"，几秒钟后，液体球变成了通体雪白的"冰球"。更有趣的是，如果摸一摸这枚"冰球"，不仅不会感到凉意，还会有一些温热感。

太空"冰雪"实验实际上利用的是过饱和乙酸钠溶液的结晶过程。乙酸钠在温度较高的水中的溶解度很大，很容易形成过饱和溶液。在微重力环境中，过饱和乙酸钠溶液与水等液体一样，都能够形成飘浮的液体球。王亚平手中的小棍沾有晶核，当小棍接触到过饱和乙酸钠溶液后，破坏了过饱和乙酸钠溶液的稳定状态，导致晶体迅

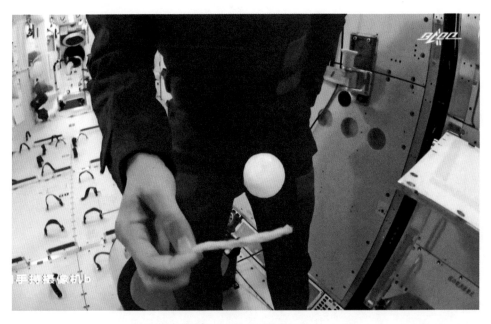

太空"冰雪"实验现象（来源：中国载人航天工程办公室）

速析出，看起来就好像水球结冰了一样。乙酸钠从过饱和溶液中析出是一个放热过程，所以"冰球"摸上去温温的。

饱和溶液、不饱和溶液和过饱和溶液

在一定温度和压强下，向一定量溶剂里加入某种溶质，当溶质不能继续溶解时，所得到的溶液叫作这种溶质的饱和溶液；还能继续溶解的溶液，叫作这种溶质的不饱和溶液。过饱和是指一定温度和压强下，溶液中溶质的浓度已超过该温度和压强下溶质的溶解度，而溶质仍不析出的现象。

过饱和溶液不稳定，搅拌溶液、使溶液受到振动、摩擦容器器壁、向溶液里投入固体等都会导致溶质从溶液中析出。

球形火焰实验

"天宫课堂"第四课的球形火焰实验也非常有趣。

首先，地面课堂的老师点燃了一支蜡烛。随后，空间站内的桂海潮也点燃了朱杨柱手里的蜡烛。两支蜡烛火焰的形状截然不同，空间站中蜡烛的火焰近似球形，而且不管蜡烛朝向哪里，火焰都是这个形状，而在地面，竖直状态下蜡烛的火焰呈锥形。

蜡烛在微重力环境中燃烧产生的球形火焰（来源：中国载人航天工程办公室）

为什么两支蜡烛的火焰会呈现不同的形状？答案与浮力对流有关。在地面上，蜡烛燃烧时，热气上升，冷气下降，形成了浮力对流。这种对流使地面上蜡烛的火焰呈锥形。产生浮力对流的根本原因是重力作用。而在空间站里，微重力环境几乎消除了浮力对流，蜡烛燃烧时气体向各个方向运动的趋势相同，因此不管蜡烛朝向哪一个方向，它的火焰都近似球形。

火焰形状对比

地面上蜡烛的火焰为黄色，而空间站中蜡烛的火焰经常呈蓝色。对此，桂海潮解释说，在空间站里，燃烧对流十分微弱，氧气的补充不如地面及时，因此蜡烛的燃烧也不如地面充分，火焰的温度也会低一些，蓝色火焰就是燃烧温度低的表现。

09

太空力学小实验

在"天宫课堂"中，还有几个有趣的太空力学小实验。

在太空抛物实验中，王亚平轻轻抛出北京冬奥会吉祥物冰墩墩，冰墩墩没有下坠，而是沿着抛出方向飘向叶光富。叶光富在接住冰墩墩后，又将其抛向王亚平。就这样，冰墩墩在两人之间来回做着近似匀速直线运动。冰墩墩能在空间站"走直线"，是因为在空间站微重力环境中，物体的运动几乎不受重力的影响。

空间站的微重力环境为动量守恒实验提供了理想的实验条件。这一实验中，朱杨柱拿出一个钢球，使它在空中静止，桂海潮用另一个等质量的钢球正面碰撞静止的钢球。两个钢球发生碰撞后，原先静止的钢球开始运动，原先运动的钢球静止。这是因为两个钢球组成的系统的动量是守恒的。随后，朱杨柱和桂海潮又演示了质量不同的钢球发生碰撞的情况，充分验证了动量守恒定律。

朱杨柱（左）、桂海潮在进行动量守恒实验

动量守恒定律

如果一个系统不受外力，或者所受外力的矢量和为 0，这个系统的总动量保持不变。这就是动量守恒定律。

人物故事：二十五年弹指间，飞上太空终圆梦

从1998年我国第一批航天员训练开始，到2022年神舟十四号载人飞船翱翔太空，先后已有14位航天员满载使命，进入太空。有一个人，从1998年入选首批航天员之日，历经25年，几曾燃梦，几度落选，但一直坚守，从不放弃，霜华初染，终于搭乘神舟十五号载人飞船圆梦太空，书写壮心不已的传奇。这个人就是邓清明。

2023年6月4日，神舟十五号载人飞船返回舱成功着陆。在着陆场，出舱不久的邓清明笑了，每个看到他笑容的人都能感受到他的幸福。"无论年龄多大，能够被祖国需要，就是最幸福的！"邓清明铿锵有力的心声，展现的是对祖国忠诚的拳拳情怀，而他的坚守和忠诚，正是中国航天人默默奉献的缩影。

神舟十五号载人飞船返回舱预备在东风着陆场着陆
（来源：中国载人航天工程办公室）

邓清明

　　邓清明，1966年3月出生，籍贯江西宜黄，1984年
6月入伍，曾任空军某师某团某飞行大队副大队长，
被评为空军一级飞行员。1998年1月5日，中国人民
解放军航天员大队成立，邓清明成为首批14名航天
员之一。25年过去了，在14名航天员中，8人梦圆
太空，5人离队。在神舟十五号载人飞船成功发射之
前，邓清明是唯一一位没有执行过飞天任务，又仍在
役的首批航天员。

　　神舟九号、神舟十号、神舟十一号载人飞行任
务，邓清明曾三次进入备份乘组，目送队友飞入太
空，三次与飞天梦擦肩而过。邓清明并不确定自己未
来是否还有圆梦太空的机会，但他选择坚守飞天初

心，日复一日地参加繁重的训练，以积极的心态迎接每一个挑战。

机会属于执着坚守的勇士。2022年，邓清明成功入选神舟十五号载人飞行任务乘组。2022年11月29日，神舟十五号载人飞船发射成功，追梦者邓清明终于圆梦。

神舟十五号载人飞船乘组亦被冠以"圆梦乘组"。这是因为3位航天员为了飞向太空，都经历了漫长的坚持和等待。除了已经等待25年的邓清明，还有阔别太空17年后再度出征的费俊龙，以及备战12年终圆飞天梦的张陆。他们一起谱写了一曲壮美的追梦之歌。

"生命不息，奋斗不已"是邓清明的真实写照。"一次次与任务擦肩而过，有过失落，也有过泪水，但我从没有彷徨过，更没有放弃过。作为航天员，坚守飞天初心、永不停歇训练，是我的常态，更是我的姿态。"始终以昂扬状态和奋斗姿态待命，是邓清明的意愿使然，也是航天员的使命使然。

对无止境的宇宙探索来说，空间站是一个新起点。在追逐梦想的路上，一代代航天人将赓续"特别能吃苦、特别能战斗、特别能攻关、特别能奉献"的载人航天精神，接力奋斗，浩瀚太空中将出现越来越多的中国身影。

向着浩瀚星空进发，未来永远值得期待。

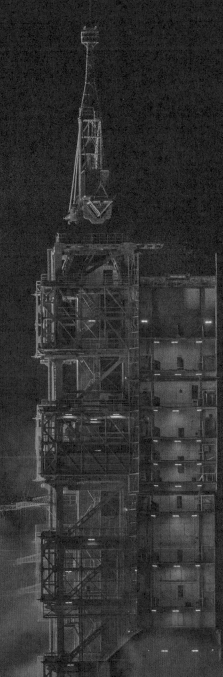

神舟十八号载人飞船搭乘长征二号F遥十八
运载火箭腾空而起,开始飞天之旅

后 记

此刻，中国空间站正在距离地面约400千米的轨道上运行。将400千米外的中国空间站搬运至目光所及的读物上，生动活泼又不失科学性地向青少年读者讲好中国空间站故事，弘扬科学家精神，是我们的初心，也是责任重大的挑战。策划、编写、编辑和设计团队全力以赴，终于将本书呈现在大家眼前。

本书凝聚着集体智慧。策划团队凭借专业度和敏感度，提出了这一精彩的选题，在他们的支持下，本书实现了从无到有的跨越。编写团队将中国空间站这个庞然大物细细"拆解"，变成了触手可及的文字。编辑团队为本书付出了努力和汗水，克服了许多困难，使本书能够顺利出版。人民教育出版社设计部王喆和房海莹为本书的设计提供了宝贵的建议，设计团队为本书制作了精美的版式。刘馨参与了本书的前期策划工作。新华通讯社、视觉中国和全景视觉为本书提供了图片。对此，我们表示衷心的感谢！

宇宙深邃，探索无限。由于时间有限，书中难免有不当或疏漏之处，敬请读者批评指正，以便今后修正。

人民教育出版社主题出版研究开发中心

2024年6月